Corrado Brogi

# L'Opera di Corrado Brogi
# Volume VII

# La matematica applicata,
# i campi vettoriali, i fenomeni fisici

Edizione Aprile 2014

# INDICE

# La matematica applicata

Il problema di definire una "quantità" implica la "qualificazione" per definire una unità di confronto della stessa specie, implica la "misura" rispetto a tale unità arbitraria, cioè nasce la teoria dei numeri, nasce il delicato problema della continuità e della discontinuità.

Un gregge può essere definito dal numero dei capi (sarà un numero intero, che implica discontinuità). Ma può essere anche definito dal peso di carne, (sarà un numero frazionario di unità arbitrarie che implica continuità)

Abbiamo già dato lo schema dei numeri: (V. vol I) ed abbiamo già esposte le condizioni di numerabilità

Poiché i numeri reali possono rappresentarsi su una retta, rispetto ad un segmento preso arbitrariamente come unitario, Arremo l'impostazione geometrica, ove il segmento unitario diventa il simbolo dell'unità di quella quantità qualificata

Abbiamo già trattato questi argomenti, com=
preso il simbolo algebrico.

Dobbiamo ora tornare sull'argomento.
I numeri "ordinali", implicando una se=
quenza, hanno in se il concetto di tempo.
Ore l'intervallo di tempo può essere in=
finitamente piccolo, o infinitamente grande.
Sarà sempre una quantità riferita ad
una unità arbitraria.
Si noti come la sequenza (il succedersi)
implichi, rispetto all' unità arbitraria,
una velocità. (Possiamo assumere l'unità
arbitraria sulla base della velocità di
quella certa sequenza, di quel certo
fenomeno, però non sempre è possibile.)
Tal volta la velocità è meglio ri=
guardarla come una frequenza: per
esempio: attraverso un ponte passano
cento uomini ogni'ora, oppure come una
portata : attraverso quell'orifizio pas=
sano tot. metri cubi al secondo.
Si noti come una grandezza continua,
o discontinua, riferita all'unità di

tempo: cicli al secondo, operazioni al secondo fatte da un computer, ecc. può riguardarsi via come una velocità, via come una portata, via come una frequenza.

Ma il problema è ancora più complesso. Torniamo agli uomini che attraversano un ponte: (100 uomini/ora), un uomo ogni 36 secondi.

Supponiamo di contarli in uscita, come fosse un traguardo.

Possono arrivare singolarmente, oppure affiancati (per due, per tre, per ...)

Quindi la frequenza media oraria non fornisce il dettaglio del fenomeno.

Occorre molta precisione nel definire le dimensioni da attribuire ai simboli algebrici, e sopratutto non attribuire arbitrariamente unità dimensionali.

Ogni unità dimensionale deve essere riguardata nei vari aspetti: non si può dire: "(velocità = m/sec)" se non è specificata non solo la direzione della lunghezza, (campo vettoriale), ma la stessa definizione di

lunghezza e di tempo. Un esempio divertente
è il romanzo: "Il giro del Mondo in 80 giorni"
di G. Verne (1873).

Le dimensioni: "spazio" e "tempo",
non sono indipendenti fra loro, anche le
altre dimensioni, che chiamiamo fisiche, non
sono indipendenti; occorre ripartire da
cognizioni primitive.

Dall'"io", il "cogito ergo sum" cartesiano,
a ciò che ci circonda, (o meglio: a ciò in
cui siamo immersi), appare una specie di
emissione dal centro "io-osservatore" a
tutto l'intorno, cioè in tutte le
direzioni.

Che il concetto "direzione" fosse
fondamentale l'abbiamo già esposto,
ma nel procedere della conoscenza
dall'"io" all'intorno di quell'"io", notia=
mo che vi sono altri "io", a ciascuno
dei quali corrisponde una direzione
a partire da un "io" preso come osservatore,
e che in ogni direzione da quell'io
vi sono infiniti "io", più o meno lontani.

Il concetto di "spazio" e di "tempo" è già implicito, e nessun "io" è così privilegiato da poter essere preso come riferimento fondamentale.

Quindi, piaccia o non piaccia, l'origine non è all'interno del nostro cosmo.

La constatazione ci lascia perplessi. Vi sono, (si pensano), entità spirituali, che esulano dal nostro cosmo; non hanno infiniti o infinitesimi, non sono ne' spazio, ne' tempo; ne percepiamo in noi l'esistenza, come forme di affetto difficili a spiegare. Il nostro pensiero vola alla ricerca di "un bello", la cui bellezza è già amore. Ma sono parole umane che limitano, la sensazione... È più in là!

Siamo, o cerchiamo di essere, consapevoli dei nostri limiti, accettiamo i nostri "infinitesimi ed il nostro indefinitamente grande, che chiamiamo infinito.

Il segmento delimitato dalla localizzazione di due "io" puntiformi è sempre divisibile con infiniti tagli, e comunque grande sia il segmento finito, al limite delle infinite divisioni, si ha l'eleatica definizione di punto.

— Che differenza c'è, sul segmento, fra taglio e punto?

— Il taglio è la separazione di due punti adiacenti (negli anni 40' scrivevo sul bipunto) Occorre una "materializzazione" del punto per fare il differenziale. = (La più piccola entità di una dimensione fisica, oltre la quale non esiste più tale dimensione)

Per fare esempi semplici, dividiamo un volume con un fascio di piani paralleli, ogni elemento di volume è costituito da un'area finita per lo spessore, (che è la distanza fra i piani)

Diminuendo lo spessore (misura lineare di lunghezza) arriveremo ad un limite "ds" = = differenziale spessore, ove l'area A molti= plicata per "ds" dà il differenziale volume che indichiamo con $dV = A\,ds$.

"ds" è la più piccola misura lineare oltre la quale non v'è più spessore resta la superficie piana di area A priva di spessore.

Se l'area A la consideriamo rettangolare di base "b" ed altezza "h" e supponiamo di dividerla con segmenti paralleli a "b" distanti dh (differenziale altezza) l'elemento differenziale di area $dA = b \cdot dh$ ore per $dh = 0$ non si ha più area ma un segmento "b" che supponiamo lungo "l" ove "dl" sarà il differenziale delle lunghezze lineari che ritroviamo in $ds, dh, dx, dy, dz, db$, ecc.

Il simbolo: $d(..)$ = differenziale ci rappresenta la variazione infinitesima di quella grandezza, la più piccola, oltre la quale sparisce la dimensione di quella grandezza.

Abbiamo già trattato e discusso il calcolo infinitesimale, negli altri volumi, abbiamo ripetuto queste osservazioni per cercare, nella esperienza sul nostro cosmo, le differenziazioni iniziali.

Abbiamo visto che ogni origine posta nel nostro cosmo è arbitraria.

Consideriamo un qualsiasi "io" osservatore puntiforme che varii in un altro "io".

La prima variazione implica la determinazione

di una direzione e poi una variazione di distanza. Se indichiamo con "O" l'io osservatore e con "P" l'"io" variato, abbiamo che, sia "O" che "P", giacciono entrambi sulla stessa retta di verso $\overrightarrow{OP}$, e su di essa vi sono altri infiniti punti "io", non solo ma se l'origine è indefinitamente lontana, vi sono per quella origine infinite rette parallele costituenti una direzionalità e tali rette coprono tutti i punti del nostro cosmo.

Solo la variazione di direzionalità implica la variazione di un punto indefinitamente lontano. Ma la variazione di direzionalità è __un angolo piano!__ quindi dare come primitiva dimensione la dimensione __angolare piana__, appare fondata, ma non è definito su quale piano.

Si noti che la direzionalità data da un punto indefinitamente lontano fino a divenire improprio, è comune a tutti i punti del nostro cosmo.

Per esempio consideriamo il "nord" ter=
restre, circa la direzione della stella
polare, (troppo vicina per parlare di
direzionalità). Consideriamo invece la
direzionalità di tutte le rette paral=
lele alla retta che, in un certo istante,
congiunge il polo terrestre col centro della stella
polare; Una tale direzionalità
non è più limitata al campo
terrestre, può essere assunta nel
cosmo. Essa è la giacitura dei
piani ortogonali fra cui il
piano equatoriale terrestre, o quello
passante per il centro del sole, o
altro; qualunque sia il piano,
su di esso esiste un punto interse=
zione con una delle rette normali
da poter considerare "centro".
Fra tutti i raggi uscenti da tale
centro, solo uno è la direzionalità.
Ogni raggio può proiettarsi sul piano
e sulla retta di giacitura.
Il raggio della direzionalità, sul piano

ha proiezione nulla. Nel fascio di piani
aventi per asse il raggio della direzio=
nalità, consideriamo due piani ortogona=
li; avremo così tre piani ortogonali fra
loro che dividono il cosmo in ottanti;
chiamando con x, y, z le rette inter=
sezione di tali piani., abbiamo un
sistema cartesiano.
ortogonale che noi
consideriamo in
coordinate polari

Sia la z la direzionalità iniziale che
determina il piano x; y (perpendicolare)
se definiamo una delle due direzionaltà
x od y, nota la z, l'altra resta definita.
Quindi, poiché nello spazio tridimensionale oc
corrono tre coordinate rispetto agli assi
di riferimento, per determinare un punto,
esse non possono essere tutte angolari.
Avremo quindi i seguenti casi di coordinate:

1) $x_p$ ; $y_p$ ; $z_p$ ; tutte e tre lineari (cartesiane).

2) $\widehat{POX}$ ; $\widehat{POY}$ ; $\overline{PO}$ ; (polari) la $\widehat{POZ} = \arccos\sqrt{1 - \cos^2\widehat{POX} - \cos^2\widehat{POY}}$.

3) $z_p$ ; $R_p$ ; $\widehat{RX} = \alpha$ ; (cilindriche)

Le tre coordinate cartesiane sono possibili solo avendo definito le direzionalità: $x, y, z$. ed il punto origine "O", nonché le unità di mensionali nelle tre direzionalità.

Consideriamo nota una sola direzionalità ed una variazione angolare $\varphi_{(rad)}$ di tale direzionalità. Non essendo definito il piano di $\varphi_{(rad)}$ da un "io" osservatore avremo il vertice di un cono indefinito, ampio $2\varphi_{rad}$, ed avente per asse la direzionalità iniziale.

Chiameremo: <u>angolo solido</u>, lo spazio interno a tale cono.

Per $\varphi = \frac{\pi}{2}_{rad.}$ il cono degenera in un piano. Gli angoli solidi si misurano in <u>stereoradianti</u> e sono l'area della sfera di raggio unitario intercettata dal cono <u>L'area totale</u> di tale sfera è: <u>$4\pi$ (stereoradianti)</u> <u>il semispazio</u> delimitato da un piano quando $\varphi = \frac{\pi}{2}$ rad. è: <u>$2\pi$ (stereoradianti)</u> e <u>l'angolo solido</u> del cono con al vertice $2\varphi$ sarà: <u>$2\pi (1 - \cos\varphi)$ (stereoradianti)</u>.

18

Il cambio di direzione da un punto finito "Ō" è un angolo. La semiretta, direzione originaria, ruota intorno ad una delle infinite rette del piano di giacitura.

La variazione di direzione implica il <u>moto rotatorio</u>, <u>la perpendicolarità</u> fra semiretta—direzione ed asse di rotazione, Ma soprattutto indica la <u>prima unità fondamentale</u> (non convenzionale), che è <u>l'angolo giro</u>.

L'angolo giro, ha <u>un verso di rotazione</u> e <u>un tempo</u> per compiersi.

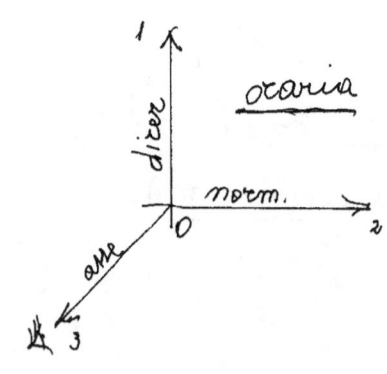

Per definire i versi di rotazione occorre attribuire un verso all'asse ed alla retta di giacitura del piano comune alla direzione ed al suo asse.

Nascono così due terne ortogonali dette oraria ed antioraria.

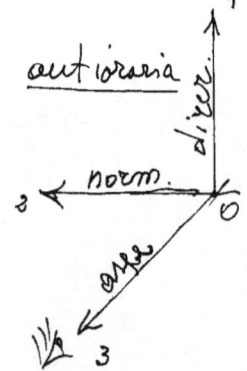

di cui abbiamo già trattato, peró vi è già l'arbitrarietà dei versi e delle sequenze, da cui vorremmo uscire.

In campo finito, un piano ha due facce, come una pagina, un davanti, un dietro, un pari, un dispari, ecc, <u>attribuiti convenzionalmente</u> (arbitrariamente)

E, visto dall'infinito, cosa succede? Se il punto indefinitamente lontano ci dà la direzionalità (direzione e verso di tutte le rette parallele, o la giacitura dei piani ad esse normali,) è implicito che la direzione opposta è un punto indefinitamente lontano opposto al primo.

Ma se questo punto indefinitamente lontano, supera il limite, non può essere un punto, perché un punto all'$\infty$ non ha senso, esso diventa come l'infinito stesso, non v'è più il segno $+$ o $-$ come la tangente a $90°$, i piani non hanno più due facce, non esistono "versi" sulle rette. La retta è come una circonferenza di raggio infinito, gli estremi si riuniscono.

Il nastro di Möbius è <u>una superficie</u> <u>avente una sola faccia!</u>

Abbiamo già trattato il concetto di limite e di calcolo infinitesimale; Lucio Lombardo Radice, nel suo libro: **"L'infinito"** (itinerari filosofici e matematici d'un concetto di base) riporta e commenta il pensiero degli antichi, fino agli studiosi moderni, da Aristotele a Galileo, a Cantor, a Kant, a Russell, a Hilbert, ecc.

Mi sembra (sono un essere umano, sò di sbagliare) che la parola "Infinito" e la parola "zero", sulle quali si sono dibattuti gli studiosi fra definirli o no numeri.

L'infinitesimo, preso come un quasi zero, l'infinito aggettivato in "attuale", in "assoluto", in potenziale, catalogato coi transfiniti, ... ripeto mi sembra sia una presuntuosa involuzione di uomini che qualche milione di anni fà non aveva specie sulla terra, ... e fra qualche milione di anni la sua specie terrestre sarà pro= babilmente estinta.

Come nessun uomo dovrebbe permettersi osservazioni su ciò che chiamiamo "Dio", perché al di fuori, al di sopra, di tutta l'intelligenza di tutta la generazione umana; è apprezzabile l'uomo primitivo che, non avendone mai sentito parlare, sente in se l'esigenza di comunicare, e piazzato un palo in terra fa il primo totem.

Tornando alla matematica, credo che lo "zero" e l'infinito siano due limiti. Se prendiamo una grandezza finita: N e la dividiamo per infinito: $\frac{N}{\infty} = 0$ è ovvio che otteniamo lo zero, perché se ottenessimo una particella infinitesima potremmo continuare a dividerla, ciò vorrebbe dire che prima non avevamo fatto <u>infinite</u> sezioni, ma solo un numero molto grande.

Ecco perché se proiettiamo un segmento su un'altro di diversa grandezza notiamo che a ciascun "punto" del proiettato corrisponde uno ed un sol punto della proiezione, cioè entrambi (di diversa lunghezza) <u>hanno</u> <u>lo stesso infinito numero di punti.</u>

Abbiamo già fatto l'esempio di $1/3$ tra=
sformato nella serie: $3\left(\frac{1}{10} + \frac{1}{10^2} + \frac{1}{10^3} + \ldots \frac{1}{10^n}\right)$
con "n" tendente all'infinito, e finchè "n"
non diventa infinito il nostro numero
$0,333\bar{3}\ldots$ non sarà esattamente $1/3$.
Il differenziale sarà una specie di topunto
dimensionalmente qualificato.

Consideriamo $d\varphi$ = differenziale delle misure
angolari. L'arco 'a' distanza "R" sarà:

$$da = R \cdot d\varphi$$

Ma per $R = \infty$, l'arco diventa finito e rettili=
neo.

Assumiamo come prima unità fondamenta=
le "l'angolo giro", che, chiameremo anche:
ciclo. È implicita la direzione della retta
di giacitura del piano contenente l'ango=
lo e passante per il vertice dell'angolo
stesso. Consideriamo, nel piano, un raggio $\overline{OA}$
origine, ed un raggio mobile che compie
il ciclo, sia "T" il periodo, cioè il tempo
impiegato a compiere un ciclo; avremo

$\frac{1}{T} = \nu = $ frequenza misura i cicli percorsi nel=
l'unità di tempo, cioè quante volte nell'unità

di tempo il raggio mobile si trova nella stessa posizione.

La frequenza è una velocità angolare per angoli misurati in angoli giro.

Se misuriamo gli angoli in radianti la velocità angolare si indica con $\omega$ ed avremo: $\omega = 2\pi\nu$ $\left(\frac{rad}{sec}\right)$

Se misuriamo gli angoli in gradi avremo

$$\omega_g = \underline{360° \cdot \nu} = \frac{180°}{\pi} \omega.$$

Si noti che, nei dimensionamenti ora proposti, non figurano misure di lunghezza.

Si noti che, sia l'azione del ruotare (che noi abbiamo chiamato Momento), sia la velocità angolare, sono vettori, rappresentabili secondo l'asse di rotazione, ma anche componibili o scomponibili secondo assi diversi.

Poiché abbiamo visto che la densità della materia, cioè la massa per unità di volume, è il quadrato di una frequenza, cerchiamo di capire il quadrato di una frequenza,

Le composizioni e scomposizioni dei vettori frequenza ci danno la somma o la differenza o la ripartizione di frequenze.

Per quadrato di una frequenza è da intendersi la *frequenza di una frequenza*, è una *frequenza spaziale*.

*Il concetto di frequenza* deve essere approfondito; ha in sé *l'unità di misura del tempo*, non solo perché gli uomini hanno scelto come unità di tempo certe frequenze astronomiche, ma perché ne connette, col pendolo, le misure lineari, le azioni ponderomotrici, ed in genere tutta la fenomenologia fisica. Abbiamo già trattato il problema del pendolo, si noti che, avendo preso il ciclo, come angolo giro, come unità, esso è divisibile per le potenze di due moltiplicate per 1, 3, 5; ma non è divisibile per 7, per 9, per 11 ecc — Data una *frequenza detta fondamentale* i multipli interi di essa sono dette : "armoniche" Abbiamo visto che la frequenza è l'inverso del periodo: $\left(\nu = \frac{1}{T}\right)$ e che la misura del tempo si è convenzionalmente riferita ai movimenti della terra, cioè ad apparenti frequenze astronomiche. Frequenza _uno_ vuol dire: _un ciclo nell'unità di tempo:_ l'eclittica in un anno, il giro della terra sul suo asse in un giorno. La frequenza di un "_anno_" non è la 365ª armonica della frequenza "giòrno" perché 365,25... _non è intero_ ogni 4 anni occorre aggiungere il bisestile ... e neppure ciò è esatto.

In fisica, le frequenze delle vibrazioni elastiche, e le frequenze delle vibrazioni elettro-magnetiche sono fondamentali.

Ma nelle frequenze sono opportune molte precisazioni.

Noi abbiamo fatto vedere la sinusoide tracciata da un pendolo che si muove perpendicolarmente al piano di oscillazione, da cui la definizione di _Lunghezza d'onda_ $\lambda$. Abbiamo visto la corrispondenza fra velocità angolare $w$ e la sinusoide di ampiezza $A$

$$A = R\cos(wt + \varphi)$$

ove $R$ è l'ampiezza massima, $t$ è il tempo, $\varphi = \text{fase}$ è l'inizio della sinusoide che può essere spostata dell'angolo "φ" rispetto all'origine dei tempi. Ma tuttociò ancora non basta, perché la frequenza può essere modulata e la modulazione può avvenire in ampiezza ove la linea media della sinusoide che abbiamo vista tracciare dal nostro pendolo, presenta delle increspature

che sono appunto le modulazioni in ampiezza. Ma la modulazione dell'onda portante può anche avvenire in frequenza, cioé la frequenza oscilla intorno ad un valore detto base o fondamentale, come si vede ciò comporta una variazione della lunghezza d'onda.

Una terza modulazione è detta di fase in cui la sinusoide è come se avesse cambiato origine istante per istante.
(φ = variabile)

# Le Frequenze

Le frequenze invadono tutti i campi della fisica. Distinguiamo frequenze nel tempo da frequenze percentuali:

## In cinematica: i moti armonici (v. Vol. V)

### moto armonico semplice: $f_{(t)} = a \left( \cos(\omega t + \varphi_0) \right)$

$\omega = \dfrac{d\varphi}{dt} = \text{cost.} = \text{velocità angolare} \left( \text{rad}/\text{sec} \right)$

$\varphi = $ angolo percorso al tempo $t = \varphi = \left( \omega t + \varphi_0 \right)$

$\varphi_0 = $ angolo percorso al tempo zero. $= $ fase

Poiché: $\text{sen}(90° - \varphi) = \cos\varphi$ ; l'espressione può essere espressa in seno.

$a = $ ampiezza del moto armonico

$X = f_{(t)} = a \left( \cos(\omega t + \varphi_0) \right)$ è detta elongazione.

Se poniamo in ascisse i tempi ed in ordinate l'elongazione, tenuto conto che l'elongazione è nulla quando $(\omega t + \varphi_0) = \dfrac{\pi}{2}$ oppure $= \dfrac{3}{2}\pi$ ; cioè un ciclo completo è $2\pi_{(\text{rad})}$ ed il tempo $T = \dfrac{2\pi}{\omega}$ è detto <u>periodo di oscillazione</u> ; $\omega = \dfrac{2\pi}{T} = $ pulsazione ( che è la velocità angolare media in un ciclo in $\text{rad}/\text{ciclo}$ )

$\nu = \dfrac{1}{T} = $ <u>frequenza di oscillazione</u>.

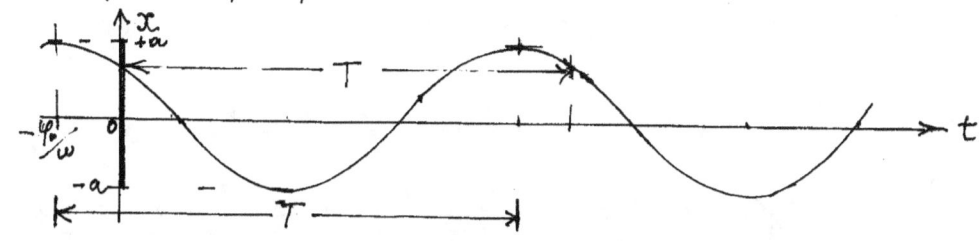

L'oscillazione intorno ad "ö" è fra $+a$ e $-a$.

Il moto armonico semplice, si chiama anche _moto pendolare_, perché corrisponde alle piccole oscillazioni di un pendolo.

## Moto armonico smorzato

Se il fenomeno oscillatorio, _mantiene costante il periodo_ $T$, e quindi la frequenza $v$, e la velocità angolare $\omega = 2\pi v$, ma _diminuisce l'ampiezza_, (con _funzione esponenziale_) nel tempo avremo:

$$x = \left[ a \cdot e^{-\chi(\omega t + \varphi_0)} \right] \cos(\omega t + \varphi_0)$$

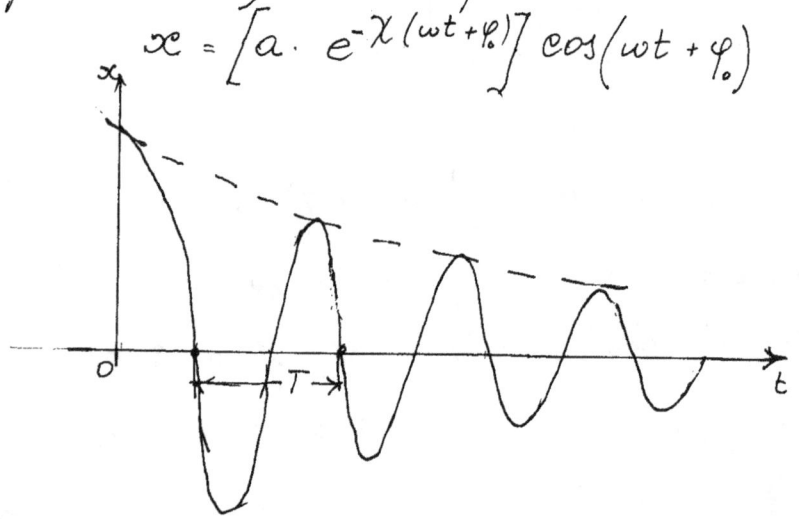

Mentre i tempi possono computarsi in periodi $T$, cioè l'accrescimento dei tempi $t$ diventa una progressione aritmetica di ragione $T$, la diminuzione dell'elongazione è in progressione geometrica di ragione : $\left( e^{-2\chi\pi} = \dfrac{1}{e^{2\pi\chi}} \right)$

$2\chi\pi = \ln \dfrac{x_{n-1}}{x_n} = $ _decremento logaritmico_

$\chi \, (chi) = \dfrac{1}{2\pi} \ln \dfrac{x_{n-1}}{x_n} = $ _coefficiente di smorzamento_

$$(1 - e^{-2\pi x}) = \frac{x_{n-1} - x_n}{x_{n-1}} = \underline{\text{fattore di smorzamento}}$$

La sinusoide ad ampiezza costante abbiamo visto che è possibile ottenerla con un pendolo a punta scrivente ancorato su un carrello che scorre perpendicolarmente al piano del pendolo e con velocità costante, tale da percorrere nel tempo T la lunghezza ($2\pi a$) ove a è l'ampiezza della elongazione. Se R è la lunghezza del pendolo $a = R \, sen(\alpha)$ ove $\alpha$ è l'angolo massimo del pendolo rispetto alla verticale di ripaso. ( col pendolo in assenza di attriti)

Se poniamo sul carrello, nel piano del pendolo, una circonferenza di raggio $\underline{a}$ e la facciamo percorrere, con velocità costante, da un punto che, istante per istante, proietta se stesso **normalmente** sul piano di scorrimento del carrello, la proiezione coprirà esattamente la sinusoide tracciata dal pendolo.

Ma, se ferma restando la velocità angolare del raggio $\underline{a}$, facciamo $\underline{a}$ $\underline{\text{variabile}}$, anziché una circonferenza otterremo una spirale, ed in particolare, se la spirale è quella logaritmica il cui raggio variabile $a^* = a \cdot e^{-x(wt+\varphi_o)}$ , con $x > 0$ ed $w > 0$, otteniamo la proiezione della sinusoide smorzata, relativa al moto armonico smorzato di cui sopra.

Nel V volume abbiamo trattato la spirale logaritmica con "e" ad esponente positivo, cioè percorsa in verso opposto al moto armonico smorzato. Nel V volume trattando il moto armonico si è passati alle curve di Lissajous (x.)

## MISURA dei TEMPI

Consideriamo un peso attaccato ad un filo, in campo gravitazionale abbiamo, se fermo, un <u>filo a piombo</u>.

Ancorato l'altro estremo del filo, possiamo far oscillare il peso in un piano, segue le leggi del pendolo, avremo un moto pendolare smorzato in ampiezza per effetto degli attriti.

Se invece al peso imprimiamo un moto circolare, il filo sarà la generatrice di un cono, la velocità angolare

sarà costante, vogliamo dimostrare che
_il periodo dipende solo dall'altezza
del cono_ ed è indipendente dalla
lunghezza del filo. Cioè il periodo
dipende solo dalla distanza del
vertice del cono dal piano della cir=
conferenza descritta dal peso.

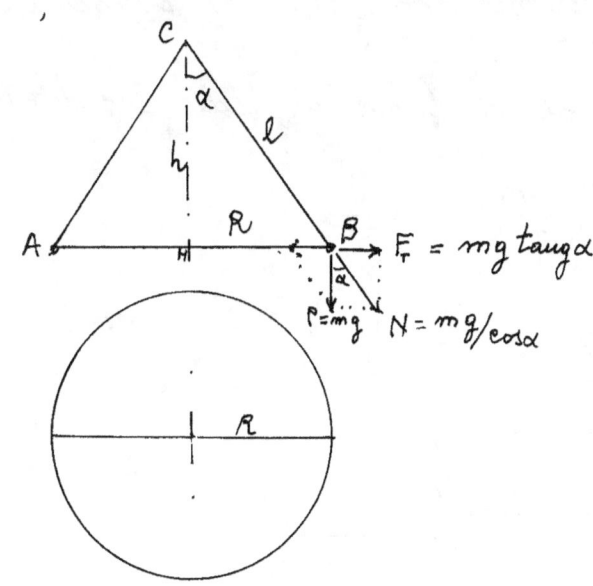

m = massa

P = peso = mg

g = accelerazione di gravità

N = sforzo normale nel filo

$F_T$ = forza centrifuga

$V_T$ = velocità tangenziale

$\omega = V_T/R$ = velocità angolare

$l$ = lunghezza del filo, $h$ = altezza del cono, $R$ = raggio cerchio.

Scomponiamo il peso secondo la direzione del
filo e secondo una orizzontale $F_t = mg\,tg\,\alpha$
che dovrà essere equilibrata dalla forza centri=
fuga data dalla accelerazione centripeta:

$$m\,V_T\,\omega = m\,g\,tg(\alpha)$$

$$R\,\omega^2 = \frac{V_T^2}{R} = g\frac{R}{h} \qquad ; \qquad \boxed{\omega^2 = \frac{g}{h}}$$

$$\omega^2 = g/h$$

la velocità angolare: $\omega = \sqrt{g/h} = 2\pi \nu$ $\left(\frac{rad}{sec}\right)$

la frequenza: $\boxed{\nu = \frac{1}{2\pi}\sqrt{g/h}} = \frac{1}{T} = \frac{\omega}{2\pi}$ $\left(\frac{cicli}{sec}\right)$

il periodo: $\boxed{T = 2\pi\sqrt{\dfrac{h}{g}}}$ $\left(\frac{sec}{ciclo}\right)$

come ci eravamo proposti di dimostrare.

uguagliando le definizioni delle cosiddette forze

$$\frac{m \cdot m}{d^2} = \frac{m \, \ell}{T^2}$$

$\gamma$=densità $= \dfrac{m}{\ell^3} = \dfrac{1}{T^2} = \nu^2 =$ quadrato di frequenze

densità $= \boxed{\gamma = \dfrac{1}{4\pi^2}\dfrac{g}{h}}$

densità $= \boxed{\gamma = \left(\dfrac{\omega}{2\pi}\right)^2}$

$\boxed{g = h\,\omega^2}$ = accelerazione di gravità

quindi l'accelerazione di gravità è analoga ad una accelerazione centripeta: $\boxed{a_c = V_t \cdot \omega = R \cdot \omega^2}$ ove il raggio è l'altezza del nostro cono moltiplicata per $tang(\alpha)$, l'accelerazione che tende il filo: $\boxed{a_N = \ell\,\omega^2}$

Notiamo che:

$$g : h = aN : l = a_c : R$$

cioé il peso P della massa ruotante $mg = P$

$$P : h = N : l = F_c : R$$

ove: $N$ = sforzo normale nel filo.

$F_c$ = Forza centrifuga

L'accelerazione centrifuga uguaglia l'accelerazione di gravitá quando $\alpha = \frac{\pi}{4} = 45°$ cioé quando $h = R$ ed $l = h\sqrt{2}$.

Ma v'è qualcosa di piú sottile, che la nostra abitudine a considerare gli angoli in radianti, ci rende difficile apprezzare. $2\pi \, rad$ = 1 ciclo. = 1 angolo giro.

É molto piú "__pulito__" misurare gli angoli in cicli piuttosto che in radianti, ove l'angolo in radianti, non è un angolo, ma l'arco sotteso di raggio unitario

Noi abbiamo giá fissato come prima unitá fondamentale, l'angolo giro o ciclo. Qui occorrono precisazioni, perché l'angolo giro è un angolo piano, cioé tutte le direzioni uscenti da un punto e giá certi in un piano, mentre il ciclo può essere considerato il percorso di un raggio che torna su se stesso all'origine, ma il ciclo può non avere riferimenti spaziali angolari, infatti un qualsiasi fenomeno che si ripete può essere preso come un ciclo. Ogni vibrazione è un ciclo.

Se consideriamo i cicli dell'angolo solido, dobbiamo considerare una sfera dal cui centro escono raggi in tutte le direzioni. Consideriamo il raggio unitario in modo che l'area della superficie sferica intercettata ci dia la misura dell'angolo solido in stereoradianti.

Consideriamo un raggio origine e consideriamo il suo punto di intersione con la superficie sferica, suppo-niamo che il punto si dilati circolarmente sulla superficie sferica, il raggio diventa l'asse di un settore sferico che continuando a crescere diventa una semisfera, poi una sfera intera, che si chiude sul rag=gio opposto a quello origine, e continuando ripercorre inversamente tutte le posizioni fino a tornare al raggio origine, il fenomeno ha compiuto un ciclo.

Potremmo considerare contemporanea=mente le varie direzioni uscenti da un punto e far variare i raggi da zero ad un massimo ove, giunti al massimo, si staccano dal centro e diminuiscono fino a tornare nulli.

Vedremo meglio il comportamento di centri emissivi di frequenze di vario genere, particolarmente importanti le frequenze elettro-magnetiche, l'emissività degli elementi come il radio o l'uranio ed il confronto con la luce o le onde radio. Completamente diverse le vibrazioni elasti-che dei suoni.

Ciò che appassiona è che le varie fre=quenze, mantenendo <u>costante</u> il loro periodo, si muovono nello spazio con velocità diverse dipendenti dal mezzo di trasmissione, ma il periodo appare variato per un osserva tore in moto relativo rispetto all'emittente,

(Effetto Doppler) effetto che viene utilizzato in astronomia per studiare lo spostamento verso il rosso della luce proveniente da galassie lontane.

Per trattare meglio questi argomenti, dobbiamo dare alcuni cenni sui campi vettoriali, sul calcolo vettoriale, anche se riteniamo che in una più moderna impostazione scientifica il calcolo vettoriale, nato per aver negato la unità angolare, sia superato.

Le frequenze percentuali ammettono la distribuzione di frequenze. Un contenitore contiene il 3% di palline bianche, il 70% rosse il 27% verdi, la frequenza percentuale massima è detta "moda" (vedi vol II).

La frequenza di un evento è considerata probabilità a posteriori (vedi vol II).

# I vettori in campo tridimensionale

Trattandosi di grandezze la cui definizione dipende dall'orientamento, è necessario riferirsi ad un sistema di assi cartesiani coordinati che saranno in ogni caso ortogonali (e ne vedremo il motivo). Sceglieremo una terna antioraria (0, X, Y, Z) ove dal punto O origine l'asse X orientato determina la direzionalità di tutte le rette parallele ad X sulle quali saranno misurate grandezze lineari chiamate ascisse.

Quindi se facciamo ruotare l'asse X intorno al punto O di $\pi/2$ e la sua ruotazione vista dalla punta di Z è antioraria il semiasse positivo delle X si sovrappone al semiasse positivo delle Y. Facciamo ora ruotare Y intorno ad O restando su un piano normale a X se guardando dalla punta di X la ruotazione di Y la vediamo antioraria il semiasse positivo di Y si sovrapporrà al semiasse positivo Z. Infine se facciamo ruotare Z intorno ad O restando su un piano perpendicolare ad Y e dalla punta di Y vediamo Z ruotare antiorario, il semiasse positivo Z tornerà a sovrapporsi all'iniziale semiasse positivo X.

In una siffatta terna di assi consideriamo il punto $P \equiv (x_p, y_p, z_p)$ e consideriamo orientato il segmento $\overrightarrow{OP}$ da $O$ a $P$.

$\overrightarrow{OP}$ è detto vettore geometrico e si indica con $(P-O)$ vettore che abbiamo già visto. Poniamo $(P-O) = \vec{V}$

Le coordinate di $P$ (proiezioni del modulo di $\vec{V}$) sono semplici segmenti e sono dette le componenti di $\vec{V}$ e sono grandezze scalari. Se, ricordando il coefficiente immaginario $i$ (che abbia ruotato di $\pi/2$ segmenti di un ipotetico asse reale) consideriamo $\vec{i} = $ il versore dell'asse $x$ cioè il vettore unitario che determina la direzionalità $x$ analogamente: $\vec{j} = $ il versore dell'asse $y$, e $\vec{k} = $ il versore dell'asse $z$; avremo che le componenti di $\vec{V}$ (scalari) moltiplicate per i rispettivi versori diventano i vettori componenti di $\vec{V}$ e quindi:

$$\vec{V} = \vec{i}\, x_p + \vec{j}\, y_p + \vec{k}\, z_p$$

ove: $\left| \sqrt{x_p^2 + y_p^2 + z_p^2} \right| = |V| = $ modulo del vettore $\vec{V}$

ed: $\dfrac{x_p}{|V|} = \cos\alpha$ ; $\dfrac{y_p}{|V|} = \cos\beta$ ; $\dfrac{z_p}{|V|} = \cos\gamma = $ coseni direttori

$$\vec{V} = |V| \left( \vec{i}\cos\alpha + \vec{j}\cos\beta + \vec{k}\cos\gamma \right)$$

## Operazioni sui vettori

Il prodotto di un numero per un vettore è un vettore (inteso sommato a se stesso tante volte quant'è il numero)

## Somma e differenza di due vettori

Graficamente un vettore può rappresentarsi con un segmento orientato la cui lunghezza rappresenta, in una certa scala, l'intensità: cm 1 = (dimensione del vettore)

Consideriamo quindi due vettori i cui versi positivi deviano dell'angolo $\alpha$. e siano $\vec{U}$ e $\vec{V}$ trattandosi di due soli vettori, in qualunque posizione siano nello spazio essi definiscono una giacitura e quindi possiamo ridurci a sistema piani. (se fossero le cosiddette forze non potremmo riferirci ad un piano perché le loro rette di azione potrebbero essere sghembe e quindi generare dei momenti)

Noi riferiremo i nostri due vettori $\vec{U}$ e $\vec{V}$ ad un sistema piano per cui possono essere disegnati su uno stesso foglio (cosa impossibile per rette sghembe).

avremo quindi:  la regola del parallelo=

gramma:

Poiché un vettore può

spostarsi parallelamente a

se stesso $(V-0) = (R-u) = \vec{V}$ per cui: $(u-0) = \vec{u} = (R-v)$

possiamo scrivere: $\vec{u} + \vec{V} = (u-0) + (R-u) = (R-0) = \vec{R}$

od anche $\vec{V} + \vec{u} = (V-0) + (R-V) = (R-0) = \vec{R}$

La somma di vettori gode della proprietà commuta=

tiva.

L'angolo $O\hat{u}R = (180° - \alpha)$

$$|OR| = |R| = \left| \sqrt{|u|^2 + |V|^2 - 2|u||V| \cos(180°-\alpha)} \right|$$

$$|R| = \left| \sqrt{|u|^2 + |V|^2 + 2|u||V| \cos\alpha} \right|$$

La somma di due vettori uscenti da 0 è il vettore

uscente da 0 diagonale del parallelogramma che ha per

lati i vettori dati.

Se i due vettori nello spazio tridimensionale

sono espressi da $\vec{u} = a\vec{i} + b\vec{j} + c\vec{k}$

$$\vec{V} = a_1\vec{i} + b_1\vec{j} + c_1\vec{k}$$

$$\vec{u} + \vec{V} = \vec{W} = (a+a_1)\vec{i} + (b+b_1)\vec{j} + (c+c_1)\vec{k}$$

Il vettore somma ha per componenti la somma delle componenti

omonime dei vettori addendi.

# Differenza di due vettori

Poiché per invertire il segno di un vettore, basta prenderlo di verso opposto ( vedi figura )

$$\vec{u} - \vec{V} = \vec{u} + (-\vec{V}) = (U_1 - 0) =$$

$$\vec{u} - \vec{V} = \vec{W} = (U - V)$$

Il vettore differenza di di due vettori uscenti da

O è la diagonale del parallelogramma che ha per lati i vettori ed esce dalla punta del vettore diminutore diretta verso la punta del vettore diminuendo.

$$\vec{VU} = \vec{W} = (\vec{U} - \vec{V}) = (u - v)$$

$$\boxed{|W| = \left| \sqrt{|u|^2 + |V|^2 - 2|u||V|\cos\alpha} \right|}$$

$$\vec{u} = a\vec{i} + b\vec{j} + e\vec{K}$$

$$\vec{V} = a_1\vec{i} + b_1\vec{j} + C_1\vec{K}$$

$$\boxed{\vec{u} - \vec{V} = \vec{W} = (a - a_1)\vec{i} + (b - b_1)\vec{j} + (c - c_1)\vec{K}}$$

Il vettore differenza di due vettori ha per componenti la differenza delle componenti omonime del diminuendo e del diminutore.

# Prodotto scalare fra due vettori ( X )

( In notazione americana si indica con un punto (·) $(\vec{V_1} \cdot \vec{V_2})$ )
( The Scalar, Dot, or Inner Product of Two Vectors $V_1$ and $V_2$ )

Si abbiano due vettori $\vec{U}$ e $\vec{V}$ moltiplicarli fra loro scalarmente significa eseguire il prodotto del modulo del primo vettore per la proiezione del modulo del secondo vettore sul primo o viceversa. ed il risultato è uno scalare. ( Il prodotto scalare si simboleggia: X )( In notazione europea e si legge U scalare V )

$$\vec{u} \times \vec{v} = |u| \cdot |v| \cos\alpha$$

Sia per esempio $(U-o) = \vec{u}$ lo spostamento di una barca a vela quando la direzione e l'intensità del vento è $\vec{V}$ avremo che solo il componente di $\vec{V}$ che ha per modulo: $|V|\cos\alpha$ è la parte attiva, l'altro non è influente.

Il prodotto scalare di due vettori è lo scalare prodotto dei moduli per il coseno dell'angolo compreso fra i due vettori.

Chiameremo flusso di un vettore $\vec{V}$ l'integrale

$$\Psi = \int \vec{V} \times \vec{dA}$$

ricordando che le aree elementari dA sono vettori elementari la cui direzionalità è determinata dalle rette di giacitura.

Facciamo ora il prodotto scalare dei versori:

$i, j, K$ tenendo conto che l'angolo retto $\cos\left(\frac{\pi}{2}\right)=0$

e che: $\cos(0)=1$

$$\vec{i}\times\vec{i}=1 \qquad \vec{j}\times\vec{i}=0 \qquad \vec{K}\times\vec{i}=0$$

$$\vec{i}\times\vec{j}=0 \qquad \vec{j}\times\vec{j}=1 \qquad \vec{K}\times\vec{j}=0$$

$$\vec{i}\times\vec{K}=0 \qquad \vec{j}\times\vec{K}=0 \qquad \vec{K}\times\vec{K}=1$$

Il prodotto scalare gode della proprietà commutativa.

da notare che questo "$i$" pur avendo le proprietà operazionali (ruotare di $\pi/2$) uguali ad $\sqrt{-1}$ è da esso ben distinto infatti $i^2=i\times i=+1$ e non $(-1)$ (Hamilton)

Esempio di prodotto scalare:

$$\vec{U}=2\vec{i}-3\vec{j}+4\vec{K}$$

$$\vec{V}=\vec{i}+4\vec{j}-5\vec{K}$$

$(2)(1)+(-3)(4)+(4)(-5)$

$$\vec{U}\times\vec{V}=2 \cdot -12 -20$$

$$\vec{U}\times\vec{V}=-30$$

$\left(\text{essendo nulli}\begin{cases}\vec{i}\times\vec{j}=\vec{j}\times\vec{i}=0\\ \vec{i}\times\vec{K}=\vec{K}\times\vec{i}=0\\ \vec{j}\times\vec{K}=\vec{K}\times\vec{j}=0\end{cases}\right)$

Condizione di perpendicolarità di due vettori

è che sia nullo il loro prodotto scalare

se nei precedenti vettori: $\vec{U}=2\vec{i}-3\vec{j}+4\vec{K}$

$\vec{V}=\lambda\vec{i}+4\vec{j}-5\vec{K}$

poniamo il $\vec{V}$ dipendente da un parametro $\lambda$

avremo: $\vec{U}\times\vec{V}=2\lambda-32$ per $\lambda=16$ i

due vettori sono perpendicolari.

# Prodotto vettoriale fra due vettori (∧)

(In notazione americana si indica con una croce (×) ($\vec{V_1} \times \vec{V_2}$)

(The Vector or Cross Product of Vectors $V_1$ and $V_2$)

Il simbolo del prodotto vettoriale è: ∧; (in notazione europea)

Il prodotto vettoriale di due vettori è un vettore che ha per modulo il prodotto dei moduli per il seno dell'angolo formato dai vettori; per direzione una retta perpendicolare al piano dei vettori e di verso tale che il primo vettore, il secondo vettore ed il vettore prodotto, nell'ordine, formino una terna antioraria. Cioé il prodotto vettoriale non gode della proprietà commutativa perché invertendo i fattori cambia verso il vettore prodotto.

(si legge: u vettor (v))

$$\boxed{\vec{u} \wedge \vec{v} = \vec{w}} \qquad \boxed{|W| = |U||V|\operatorname{sen}\alpha}$$

Si noti che $|W| = |U||V|\operatorname{sen}\alpha$ è il doppio dell'area del triangolo: $u\,O\,v$ quindi il modulo di $\vec{w}$ cioé $|W|$ è l'area del parallelogramma: $OURV$.

cioé $|V|\operatorname{sen}\alpha$ è l'altezza relativa ad $\overline{ou}$, mentre $|U|\operatorname{sen}\alpha$ è l'altezza relativa ad $\overline{ov}$; cioé $\vec{w} = \vec{u} \wedge \vec{v}$ è il momento di $\vec{u}$ rispetto a $\vec{v}$

mentre $\vec{v} \wedge \vec{u}$ è il momento di $\vec{v}$ rispetto ad $\vec{u}$.

*Facciamo il prodotto vettoriale dei versori* tenendo

presente che $sen(0) = 0$ ;

$sen(\pi/2) = 1$

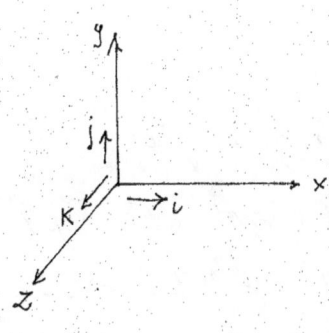

$$\vec{i} \wedge \vec{i} = 0 \qquad \vec{j} \wedge \vec{i} = -\vec{K} \qquad \vec{K} \wedge \vec{i} = \vec{j}$$

$$\vec{i} \wedge \vec{j} = \vec{K} \qquad \vec{j} \wedge \vec{j} = 0 \qquad \vec{K} \wedge \vec{j} = -\vec{i}$$

$$\vec{i} \wedge \vec{K} = -\vec{j} \qquad \vec{j} \wedge \vec{K} = \vec{i} \qquad \vec{K} \wedge \vec{K} = 0$$

*possiamo ora calcolare il prodotto vettoriale*
*dei nostri due vettori:* $\vec{U} = (2\vec{i} - 3\vec{j} + 4\vec{K})$

$$\vec{V} = (\vec{i} + 4\vec{j} - 5\vec{K})$$

$$\vec{U} \wedge \vec{V} = (2\vec{i} - 3\vec{j} + 4\vec{K}) \wedge (\vec{i} + 4\vec{j} - 5\vec{K}) \qquad \binom{\text{sviluppando ordinatamente}}{\text{da sinistra}}$$

si ha : $(2)(1)(0) + (2)(4)(\vec{K}) + (2)(-5)(-\vec{j})$     *oppure come determinante:*

$(-3)(1)(-\vec{K}) + (-3)(4)0 + (-3)(-5)\vec{i}$

$(4)(1)(\vec{j}) + (4)(4)(-\vec{i}) + (4)(-5)0 \quad =$

$$= \begin{vmatrix} \vec{i} & \vec{j} & \vec{K} \\ 2 & -3 & 4 \\ 1 & +4 & -5 \end{vmatrix} =$$

$(-16 + 15)\vec{i} + (10 + 4)\vec{j} + (8 + 3)\vec{K} =$

$$\vec{U} \wedge \vec{V} = -\vec{i} + 14\vec{j} + 11\vec{K}$$

---

## Condizioni di parallelismo di due vettori è
## che sia nullo il loro prodotto vettoriale

*I due vettori avranno coefficienti proporzionali,*
$\vec{U} = (2\vec{i} - 3\vec{j} + 4\vec{K})$    $\vec{V} = \lambda\vec{i} + \mu\vec{j} + \partial\vec{K}$    *avremo:*

$2\lambda(0) + 2\mu\vec{K} + 2\partial(-\vec{j})$    $(-3\partial - 4\mu)\vec{i} = 0$    $\partial = -\frac{4}{3}\mu$    $\frac{8}{3}\mu + 4\lambda = 0$

$-3\lambda(\vec{K}) + (-3)\mu(0) + (-3)\partial\vec{i}$    $(-2\partial + 4\lambda)\vec{j} = 0$

$4\lambda\vec{j} + 4\mu(-\vec{i}) + 4\partial(0)$    $(+3\lambda + 2\mu)\vec{K} = 0$    $\lambda = -\frac{2}{3}\mu$ .   $-2\mu + 2\mu = 0$

$\mu = 3$ ; $\lambda = +2$ ; $\partial = +4$    $\vec{V} = 2\vec{i} - 3\vec{j} + 4K$ *identifica* $\vec{U}$

*attribuendo qualsiasi valore arbitrario a* $\mu$ *si ottengono* $\vec{V}$ *paralleli a* $\vec{U}$

# Prodotto misto di tre vettori

$$(\vec{u} \wedge \vec{v} \times \vec{w}) = scalare$$

Dimostriamo che il prodotto misto è il volume
del parallelepipedo che ha per spigoli i tre vettori.

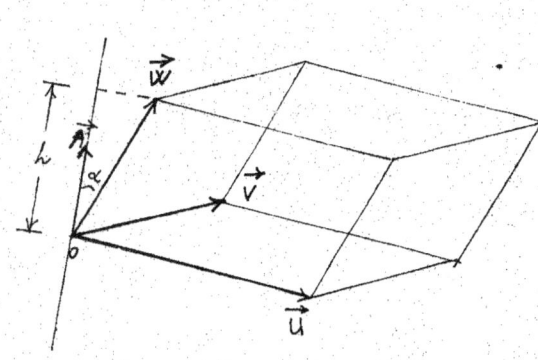

Infatti: $(\vec{u} \wedge \vec{v}) = \vec{A}$
il prodotto vettoriale
$\vec{u}$ vettor $\vec{v}$ è un
vettore $\vec{A}$ perpendi=
colare al piano
di $\vec{u} \vec{v}$ ed ha per

modulo l'area del parallelogramma di $\vec{u};\vec{v}$ che
è la base del solido. Sostituendo $\vec{A}$ nel prodotto
misto si ha il prodotto scalare: $\vec{A} \times \vec{w} = |A| \cdot |W| \cos \alpha$
ove $|W| \cos \alpha = h =$ altezza del solido per cui
Area base $(A)$ per altezza $h =$ volume.

$$(\vec{u} \wedge \vec{v}) \times \vec{w} = volume$$
$$= \vec{A} \times \vec{w} =$$
$$= |A| \cdot |W| \cos \alpha =$$
$$= A h = \underline{volume}$$

ove se: $\vec{u} = a_1 \vec{i} + b_1 \vec{j} + c_1 \vec{k}$
$\vec{v} = a_2 \vec{i} + b_2 \vec{j} + c_2 \vec{k}$
$\vec{w} = a_3 \vec{i} + b_3 \vec{j} + c_3 \vec{k}$

si ha: $Ah = \begin{vmatrix} a_1 & b_1 & c_1 \\ a_2 & b_2 & c_2 \\ a_3 & b_3 & c_3 \end{vmatrix}$

$\underline{\vec{u} \wedge \vec{v} \times \vec{w} = 0}$ è la condizione di complanarità.

Per piano di vettori si intende il piano a cui essi sono paralleli

È anche interessante costruire il cubetto coi versori unitari:

$$\vec{i} \wedge \vec{j} \times \vec{K} = 1 \qquad \vec{i} \wedge \vec{K} \times \vec{j} = -1$$

$$\vec{j} \wedge \vec{K} \times \vec{i} = 1 \qquad \vec{j} \wedge \vec{i} \times \vec{K} = -1$$

$$\vec{K} \wedge \vec{i} \times \vec{j} = 1 \qquad \vec{K} \wedge \vec{j} \times \vec{i} = -1$$

Nell'eseguire le operazioni abbiamo fatto precedere il prodotto vettoriale che si trova più a sinistra, ed il risultato lo abbiamo moltiplicato scalarmente.

$$(\vec{i} \wedge \vec{j}) = +\vec{K} \rightarrow \vec{K} \times \vec{K} = 1 \qquad (\vec{i} \wedge \vec{K}) = -\vec{j} \rightarrow -\vec{j} \times \vec{j} = -1$$

Se avessimo fatto precedere il prodotto scalare avremmo avuto (nella 1ª uguaglianza) $(\vec{j} \times \vec{K}) = 0$ e quindi: $\vec{i} \wedge 0$ ( non ha senso) perché per <u>fare il prodotto vettoriale entrambi i fattori debbono essere vettori</u>, per cui il prodotto <u>vettoriale deve in ogni caso precedere il</u> <u>prodotto scalare.</u>

È ora possibile esprimere il teorema dello scambio dei simboli $\wedge$ e $\times$. (si veda la prima e seconda equazione.)

$$\vec{i} \wedge \vec{j} \times \vec{K} = \vec{i} \times \vec{j} \wedge \vec{K} = 1 \; infatti \; \vec{i} \times (\vec{j} \wedge \vec{K}) = (\vec{j} \wedge \vec{K}) \times \vec{i} = 1$$

## Doppio prodotto vettoriale

Il doppio prodotto vettoriale non gode della proprietà associativa, e pertanto dovremo mettere delle parentesi: per indicare i vettori complanari.

1) $(\vec{u} \wedge \vec{v}) \wedge \vec{w} = \vec{u} \times \vec{w} \cdot \vec{v} - \vec{v} \times \vec{w} \cdot \vec{u}$

2) $\vec{u} \wedge (\vec{v} \wedge \vec{w}) = \vec{w} \times \vec{u} \cdot \vec{v} - \vec{u} \times \vec{v} \cdot \vec{w}$

Sappiamo che $\vec{u} \wedge \vec{v}$ è un vettore ortogonale al piano di $\vec{u}$ e $\vec{v}$ (abbiamo già detto in che senso si può parlare di complanarità di vettori), qualunque sia la direzione di $\vec{w}$ il piano comune a $\vec{w}$ ed $(\vec{u} \wedge \vec{v})$ avrà rette di giacitura perpendicolari a $\vec{w}$ cioè nel piano di $\vec{u}$ e $\vec{v}$. perciò il risultato della 1) espressione è un vettore complanare ad $\vec{u}$ e $\vec{v}$, mentre della 2) è complanare con $\vec{v}$ e $\vec{w}$.

$\vec{u} = a_1 \vec{i} + b_1 \vec{j} + c_1 \vec{K}$ ; $\vec{v} = a_2 \vec{i} + b_2 \vec{j} + c_2 \vec{K}$ ; $\vec{w} = a_3 \vec{i} + b_3 \vec{j} + c_3 \vec{K}$

$(\vec{u} \wedge \vec{v}) = (b_1 c_2 - b_2 c_1) \vec{i} + (a_2 c_1 - a_1 c_2) \vec{j} + (a_1 b_2 - a_2 b_1) \vec{K}$

$$\left[ (b_1 c_2 - b_2 c_1) \vec{i} + (a_2 c_1 - a_1 c_2) \vec{j} + (a_1 b_2 - a_2 b_1) \vec{K} \right] \wedge \vec{w} =$$

$= (+ a_3 b_1 c_2 - a_3 b_2 c_1) \vec{K} - (b_1 c_2 c_3 - b_2 c_1 c_3) \vec{j} + (a_2 c_1 c_3 - a_1 c_2 c_3) \vec{i}$

$- (a_3 a_2 c_1 - a_3 a_1 c_2) \vec{K} + (a_1 a_3 b_2 - a_2 a_3 b_1) \vec{j} - (a_1 b_2 b_3 - a_2 b_1 b_3) \vec{i} =$

che può essere scritta:

$= (b_1 b_3 + c_1 c_3)(a_2 \vec{i} + b_2 \vec{j} + c_2 \vec{K}) - (b_2 b_3 + c_2 c_3)(a_1 \vec{i} + b_1 \vec{j} + c_1 \vec{K}) =$

cioè: $\boxed{\left[ (\vec{u} \wedge \vec{v}) \wedge \vec{w} \right] = (\vec{u} \times \vec{w}) \cdot \vec{v} - (\vec{v} \times \vec{w}) \cdot \vec{u}}$

analogamente si dimostra la seconda.

# Identità vettoriali

Analogamente possono dimostrarsi le seguenti formule

ove il prodotto scalare precede il prodotto di uno scalare per un

vettore

$$(\vec{u})^2 = (\vec{u} \times \vec{u}) = |u|^2 \cos\alpha .$$

$$(\vec{u} \wedge \vec{v})^2 = (\vec{u})^2 (\vec{v})^2 - (\vec{u} \times \vec{v})^2$$

$$(\vec{u} \wedge \vec{v}) \wedge (\vec{w} \wedge \vec{z}) = \vec{u} \times \vec{w} \wedge \vec{z} \cdot \vec{v} - \vec{v} \times \vec{w} \wedge \vec{z} \cdot \vec{u}$$

(Questa relazione se consideriamo i vettori unitari ed

$\vec{w} = \vec{u}$ , diventa la formula fondamentale di trigonome=

tria sferica)

$$(\vec{v} \wedge \vec{w}) \wedge \vec{u} + (\vec{w} \wedge \vec{u}) \wedge \vec{v} + (\vec{u} \wedge \vec{v}) \wedge \vec{w} = 0$$

$$\vec{u} \wedge \vec{v} \times \vec{w} \cdot \vec{z} = \vec{z} \times \vec{v} \wedge \vec{w} \cdot \vec{u} + \vec{z} \times \vec{w} \wedge \vec{u} \cdot \vec{v} + \vec{z} \times \vec{u} \wedge \vec{v} \cdot \vec{w}$$

$$\vec{u} \wedge \vec{v} \times \vec{w} \cdot \vec{A} \wedge \vec{B} \times \vec{C} = \begin{vmatrix} (\vec{u} \times \vec{A}) & (\vec{u} \times \vec{B}) & (\vec{u} \times \vec{C}) \\ (\vec{v} \times \vec{A}) & (\vec{v} \times \vec{B}) & (\vec{v} \times \vec{C}) \\ (\vec{w} \times \vec{A}) & (\vec{w} \times \vec{B}) & (\vec{w} \times \vec{C}) \end{vmatrix}$$

Queste relazioni possono permettere la costruzione di

certe equazioni vettoriali. per es.

$$\vec{u} \wedge \vec{v} \times \vec{w} \cdot \vec{z} = \vec{u} \times \vec{z} \cdot \vec{v} \wedge \vec{w} + \vec{v} \times \vec{z} \cdot \vec{w} \wedge \vec{u} + \vec{w} \times \vec{z} \cdot \vec{u} \wedge \vec{v}$$

dati: $\vec{u}, \vec{v}, \vec{w}$ permette di assegnare un vettore $\vec{x}$ tale che

$$\vec{u} \times \vec{x} = \alpha \;;\; \vec{v} \times \vec{x} = \beta \;;\; \vec{w} \times \vec{x} = \gamma$$

$$\vec{u} \wedge \vec{v} \times \vec{w} \cdot \vec{x} = \alpha \, \vec{u} \wedge \vec{w} + \beta \, \vec{w} \wedge \vec{u} + \gamma \, \vec{u} \wedge \vec{v}$$

(ecc.)

# Equazioni vettoriali di curve notevoli

Ricordiamo come l'operatore algebrico:

$$e^{i\varphi} = (\cos\varphi + (\text{sen}\varphi)i)$$   (vedi vol II)
pag 43-52

moltiplicato per un modulo $|V|$ determini un vettore cioè il segmento reale $|V|$ viene orientato dell'ango= lo $\varphi$ rispetto all'asse reale. Se questo operatore moltiplica un vettore lo fa ruotare dell'angolo $\varphi$.

per esempio :   $\vec{U} = (\cos\varphi)\vec{i} + (\text{sen}(\varphi))\vec{j}$

$$\vec{U} = (\cos\varphi + (\text{sen}\varphi)i)\vec{i}$$

abbiamo con ciò distinto "$i$" operatore capace di far ruotare i segmenti o vettori di $\pi/2$ da "$\vec{i}$" vettore sull'asse $X$ di modulo unitario. ove $(i\vec{i}) = \vec{j}$.

cioè : $((\cos\varphi) + (\text{sen}\varphi)i)$ è l'operatore che fa ruotare $\vec{i}$ fino a sovrapporsi ad $\vec{U}$ avremmo potuto scrivere: $\underline{\vec{U} = e^{i\varphi}\cdot\vec{i}}$

$P$ sia l'estremo del vettore $(P-0)$.   avremo: $(-\infty \le n \le +\infty)$

$P = (0 + n\vec{U})$   (equazione) della retta per $0$ parallela ad $\vec{U}$.
(vettoriale)

$P = (0 + \rho\, e^{i\varphi}\vec{i})$ (con $\varphi$ variabile da 0 a $2\pi$)= equazione vettoriale
del cerchio di centro $0$ e raggio $\rho$

$P = (0 + a\cos\varphi\,\vec{U} + b\,\text{sen}\varphi\,\vec{V})$ (1δ)= equazione vettoriale dell'ellisse
di centro $0$ di semiassi $a, b$ paralleli ad $\vec{U}, \vec{V}$.

$P = (0 + am\vec{U} + bm^2\vec{V})$ equazione di una parabola passante
per $0$, la retta tangente in $0$ è parallela al
vettore $\vec{U}$, i diametri sono paralleli a $\vec{V}$

Se consideriamo l'equazione:

$$P = O + r\varphi \vec{u} + ri\vec{u} - rie^{-i\varphi}\vec{u}$$

si ha l'equazione di una cicloide generata da un cerchio di raggio r che rotola sulla retta per o parallela ad $\vec{u}$.

$$P = O + (R+r)e^{i\varphi}\vec{u} - be^{i(\frac{R+r}{r})\varphi}\vec{u}$$

= equazione vettoriale di una epicicloide generata da un punto connesso col cerchio di raggio r e distante b dal suo centro, cerchio che rotola sulla circonferenza fissa di raggio R ($\vec{u}$ = vettore unitario costante).

Cambiando segno ad R e b diventa ipocicloide

$$P = O + r e^{i\varphi}\vec{i} + r\varphi tg(\alpha)\vec{K}$$

È l'equazione di un'elica cilindrica tracciata su un cilindro circolare retto di centro o e raggio r ($90°-\alpha$) è l'angolo costante che le tangenti formano con vettore $\vec{K}$ (direzionalità $\vec{K}$). unitario.

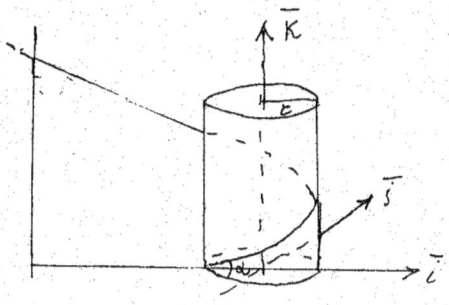

# Analisi vettoriale

Le coordinate di un punto P siano funzioni di uno scalare t ; $x = x(t)$ ; $y = y(t)$ ; $z = z(t)$ o più sinteticamente : $P = P(t)$

Un vettore geometrico $\vec{V} = (Q - P)$ ove P e Q o solo uno dei due punti sia funzione di t, possiamo dire che il vettore $\vec{V}$ è funzione di t : $\vec{V} = \vec{V}(t)$; naturalmente saranno funzione di t le componenti di $\vec{V}$ rispetto a qualunque versore $\vec{u}$ indipendente da t. Ciò vale non solo per il segmento orientato $(Q - P)$ che resta vincolato alla retta direzione da P a Q, ma vale per qualsiasi vettore rappresentato da $(Q - P)$ nella direzionalità del suo campo di azione.

Cerchiamo ora di definire la derivata di un punto e di un vettore. Analogamente a quanto si fa per le funzioni :

$$\frac{dP}{dt} = \lim_{h \to 0} \frac{P(t+h) - P_t}{h} \quad ; \quad \frac{d\vec{V}}{dt} = \lim_{h \to 0} \frac{\vec{V}(t+h) - \vec{V}(t)}{h}$$

valgono per queste derivate le stesse proprietà delle derivate di uno scalare.

In particolare :

$$\boxed{\frac{d(\vec{V_1} \pm \vec{V_2} \pm \dots)}{dt} = \frac{d\vec{V_1}}{dt} \pm \frac{d\vec{V_2}}{dt} \pm \dots}$$

$$\frac{d\,n\vec{V}}{dt} = \frac{dn}{dt}\cdot\vec{V} + n\frac{d\vec{V}}{dt}$$

$$\frac{d(\vec{V_1}\times\vec{V_2})}{dt} = \frac{d\vec{V_1}}{dt}\times\vec{V_2} + \vec{V_1}\times\frac{d\vec{V_2}}{dt}$$

$$\frac{d(\vec{V_1}\wedge\vec{V_2})}{dt} = \frac{d\vec{V_1}}{dt}\wedge\vec{V_2} + \vec{V_1}\wedge\frac{d\vec{V_2}}{dt}$$

quadro delle derivate

Il punto $P \equiv (x,y,z)$ se considerato estremo del vettore geometrico $(P-O)$ avremo:

$$P = O + x\vec{i} + y\vec{j} + z\vec{k}$$

$$\frac{dP}{dt} = \frac{dx}{dt}\vec{i} + \frac{dy}{dt}\vec{j} + \frac{dz}{dt}\vec{k}$$

Se $X, Y, Z$ sono le componenti del vettore:

$$\vec{V} = X\vec{i} + Y\vec{j} + Z\vec{k}$$

$$\frac{d\vec{V}}{dt} = \frac{dX}{dt}\vec{i} + \frac{dY}{dt}\vec{j} + \frac{dZ}{dt}\vec{k}$$

Da queste espressioni risulta:

Le componenti della derivata di un punto sono le derivate delle sue coordinate

Le componenti della derivata di un vettore 1° no le derivate delle sue componenti

Se consideriamo che il Punto P appartenga ad

una linea (luogo geometrico), fissata una origine ed un verso per gli archi $s$ della linea, la derivata:

$$\frac{dP}{ds} = \frac{dx}{ds}\vec{i} + \frac{dy}{ds}\vec{j} + \frac{dz}{ds}\vec{k} = \vec{t}$$

ove il versore $\vec{t}$ è tangente in ogni punto alla linea.

cioè: $$\frac{dP}{ds} = \vec{t}$$

$$\vec{t} = \frac{dx}{ds}\vec{i} + \frac{dy}{ds}\vec{j} + \frac{dz}{ds}\vec{k}$$

si noti che le componenti di $\vec{t}$ sono i coseni direttori della retta tangente in P. alla linea col verso degli archi $s$ crescenti.

Facciamo ora la derivata seconda:

$$\frac{d^2P}{ds^2} = \frac{d\vec{t}}{ds} = \lim_{h \to 0} \frac{\vec{t}(s+h) - \vec{t}(s)}{h}$$

la variazione in P. di $\vec{t}$, le due tangenti determinano il piano osculatore alla linea in P, e su questo piano dovrà essere il vettore derivata seconda.

Ma $\vec{t}$ è un versore per cui $(\vec{t})^2 = \vec{t} \times \vec{t} = 1$

derivando l'espressione $\quad \frac{d\vec{t}}{ds} \times \vec{t} + \vec{t} \times \frac{d\vec{t}}{ds} = 0$

cioè: $2\left(\vec{t} \times \frac{d\vec{t}}{ds}\right) = 0 \qquad \boxed{\vec{t} \times \frac{d\vec{t}}{ds} = 0}$

ma l'essere il prodotto scalare $= 0$ significa che i due vettori sono ortogonali $\boxed{\frac{d\vec{t}}{ds} = \vec{n}\left(\frac{1}{\rho}\right)}$ $\vec{n}$ è quindi il versore della normale ed il verso è diretto verso il centro di curvatura $C_1$.

Il modulo di $\frac{d\vec{t}}{ds} = \frac{1}{\rho}\vec{n}$; $|n|=1$ è $\frac{1}{\rho}$ rappre=
senta la curvatura.

$$\frac{d^2 P}{ds^2} = \frac{d\vec{t}}{ds} = \frac{1}{\rho}\vec{n} = \frac{d^2 x}{ds^2}\vec{i} + \frac{d^2 y}{ds^2}\vec{j} + \frac{d^2 z}{ds^2}\vec{K}$$

$$\frac{1}{\rho} = \sqrt{\left(\frac{d^2 x}{ds^2}\right)^2 + \left(\frac{d^2 y}{ds^2}\right)^2 + \left(\frac{d^2 z}{ds^2}\right)^2}$$

ove $\rho$ è il raggio di flessione della linea nel
punto P.

I versori $\vec{t}$ ed $\vec{n}$ sono complanari, perpendicolar=
mente ad essi in P definiamo un terzo versore $\vec{b}$ che
chiameremo binormale

$$\vec{b} = \vec{t} \wedge \vec{n}$$

la terna di versori in P, individua il triedro
principale relativo alla linea del punto P.

La derivata di $\vec{b}$

$$\frac{d\vec{b}}{ds} = \frac{\vec{n}}{\tau}$$

ove $\tau$ è un numero reale ed è il raggio di torsione
$\frac{1}{\tau}$ è la torsione se $\frac{d\vec{b}}{ds} = 0$ la torsione è nulla
e la linea è piana.

Le tre formule:

$$\frac{d\vec{t}}{ds} = \frac{1}{\rho} \cdot \vec{n}$$

$$\frac{d\vec{b}}{ds} = \frac{1}{\tau} \vec{n}$$

$$\frac{d\vec{n}}{ds} = -\frac{1}{\rho} \vec{t} - \frac{1}{\tau} \vec{b}$$

sono dette:

formule di

Freuet

esprimono le derivate della terna di
versori in $P$: $\vec{t}, \vec{n}, \vec{b}$ per mezzo dei versori
stessi e dei raggi di flessione e torsione

se $\xi, \eta, \zeta$ sono i coseni direttori della binormale

$$\xi = \rho \left( \frac{dy}{ds} \frac{d^2z}{ds^2} - \frac{dz}{ds} \frac{d^2y}{ds^2} \right)$$

$$\eta = \rho \left( \frac{dz}{ds} \frac{d^2x}{ds^2} - \frac{dx}{ds} \frac{d^2z}{ds^2} \right)$$

$$\zeta = \rho \left( \frac{dx}{ds} \frac{d^2y}{ds^2} - \frac{dy}{ds} \frac{d^2x}{ds^2} \right)$$

# Il Gradiente

Sia $U(P)$ una funzione scalare di $P \equiv (x, y, z)$ derivabile, e sia $\vec{V}$ un vettore pure funzione di $P$ nello stesso spazio. ($\vec{V} = \vec{V}(P)$) che per la presenza di $\vec{V}$ è un campo vettoriale.

Consideriamo il vettore infinitesimo (differenziale di $P$)

$$dP = \vec{i} \cdot dx + \vec{j} \, dy + \vec{K} \, dz$$

e moltiplichiamolo scalarmente per $\vec{V} = X\vec{i} + Y\vec{j} + Z\vec{K}$

$$\boxed{\vec{V} \times dP = X \, dx + Y \, dy + Z \, dz}$$

se questa espressione è un __differenziale esatto__ esiste una funzione:

$U(P)$ tale che $\boxed{dU = \vec{V} \times dP}$ ed in tal caso:

$$\boxed{X = \frac{\partial U}{\partial x} \; ; \; Y = \frac{\partial U}{\partial y} \; ; \; Z = \frac{\partial U}{\partial z}}$$

Si dice allora che $\underline{\vec{V} \text{ è il gradiente di } U}$

e si scrive $\boxed{\vec{V} = \text{grad } U}$

mentre $U$ è detto __il potenziale di $\vec{V}$__

Le superficie $U = \text{cost}$. sono dette __equipotenziali__

$$\boxed{\text{grad } U = \frac{\partial U}{\partial x}\vec{i} + \frac{\partial U}{\partial y}\vec{j} + \frac{\partial U}{\partial z}\vec{K}}$$

in ogni punto P di una superficie equipotenziale il vettore $\vec{V} = \text{grad}\,U$ essendo $\vec{V} \times dP = dU = 0$ ($U = \text{cost}$) qualunque sia lo spostamento $dP$ su tale superficie $\underline{\text{grad}\,U \text{ è perpendicolare}}$ a tale superficie intorno di P.

Si noti che $\underline{\vec{V} = \text{grad}\,U}$ è diretto secondo $U$ crescenti e che $\vec{V}$ ha gli stessi coseni direttori della normale alle superficie ad $U = \text{cost}$.

Se consideriamo un vettore unitario $\vec{u} = \dfrac{(P-0)}{s}$: ove: $|(P-0)| = s|\vec{u}| = \overline{DP} = s$

$$\frac{dU}{ds} = \frac{\partial U}{\partial x}\frac{dx}{ds} + \frac{\partial U}{\partial y}\frac{dy}{ds} + \frac{\partial U}{\partial z}\frac{dz}{ds}$$

Il trinomio al secondo membro è la somma dei prodotti delle componenti di $\vec{V} = \text{grad}\,U$ per i coseni direttori della retta di $\vec{u}$ sulla quale è misurato $s$: perciò

$$\boxed{\frac{dU}{ds} = \text{grad}\,U \times \vec{u}}$$

Cioè la derivata del potenziale rispetto ad $s$ è il prodotto scalare del gradiente di $U$ per il versore di $s$.

$$\boxed{dU = (\text{grad}\,U \times \vec{u})\,ds}$$

$\underline{\text{Cioè si dice gradiente l'accrescimento per}}$

$\underline{\text{unità di lunghezza}}$

(un accrescimento per unità di tempo è una velocità)

# Integrali di vettori

Sia $\vec{V}_{(t)} = X_{(t)}\vec{i} + Y_{(t)}\vec{j} + Z_{(t)}\vec{k}$ ove t è una variabile e $\vec{i}, \vec{j}, \vec{k}$ tre versori indipendenti da t.

$$\vec{J} = \int_{t_0}^{t_1} \vec{V} \, dt = \vec{i} \int_{t_0}^{t_1} X_{(t)} \, dt + \vec{j} \int_{t_0}^{t_1} Y_{(t)} \, dt + \vec{k} \int_{t_0}^{t_1} Z_{(t)} \, dt$$

se l'estremo superiore t è variabile

$$\frac{d\vec{J}}{dt} = \vec{V}$$

Se il vettore $\vec{V}$ funzione dei punti di
campo qualsiasi unidimensionale l'integrale
vettore $\vec{J}$ che ha per componenti gli integrali
estesi al campo C delle componenti di $\vec{V}$ si
dice: <u>integrale del vettore $\vec{V}$ relativo a C</u> e
si scrive:

$$\boxed{\vec{J} = \int_C \vec{V} \, dc}$$

In questo il fattore finito $\vec{V}$ può avere dimensioni diverse dal fattore differenziale C.

# Flusso di un vettore

Abbiamo appena accennato al flusso di un vettore
nel trattare il prodotto scalare. Abbiamo visto che
un'area può essere rappresentata da un vettore
perpendicolare cioè avente la direzione della
giacitura:

    Se consideriamo <u>un involucro chiuso</u>, esaminando
le singole aree elementari $dS$ avremo $d\varphi = \vec{f} \times d\vec{S}$ cioè:

$$d\varphi = |f| \cdot \cos\alpha \, |dS|$$ ma distingueremo: <u>il flusso
<u>entrante</u> cioè diretto verso
l'interno che assumeremo, per
convenzione, <u>negativo</u>. <u>Il flusso uscente</u> cioè diretto
verso l'esterno della superficie chiusa lo assumeremo
come <u>positivo</u> con ciò resta valida la
formula: $f \cdot \cos\alpha \cdot dS = d\varphi$
se consideriamo la normale
alla superficie diretta verso
l'esterno, per $\vec{f}$ entrante
il $\cos\alpha$ è nel $II°$ quadrante cioè negativo.

# Divergenza

Consideriamo una superficie chiusa qualsiasi e suddividiamo lo spazio in cubetti elementari la somma dei flussi uscenti dai cubetti è il flusso uscente dalla superficie chiusa, infatti i flussi che attraversano i cubetti sono computati una volta come negativi (entranti) una volta come positivi (uscenti) cioé vengono computati solo i flussi generati all'interno dei cubetti, o assorbiti dai cubetti.

Si chiama divergenza di un vettore il rapporto fra il flusso uscente ed il volume da cui esce. $\left(\frac{d\varphi}{dV}\right)$

Consideriamo uno dei cubetti elementari in cui abbiamo diviso lo spazio racchiuso dalla nostra superficie chiusa e siano x, y, z le coordinate che

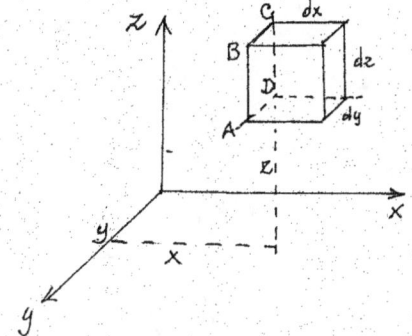

individuano il vertice D del cubetto da cui si dipartono gli spigoli dx, dy, dz nel verso degli assi.

Siano $f_x$, $f_y$, $f_z$, le componenti del vettore secondo i tre assi che supponiamo funzioni continue e derivabili delle coordinate.

Il flusso entrante dalla faccia ABCD del cubetto è : $- f_x \, dy \, dz$ il flusso uscente dalla faccia opposta

62

la cui area è ancora $dy\,dz$, ma la componente del vettore secondo x sarà variata, perché è variata l'ascissa quindi il flusso uscente sarà:

$$+ \left( f_x + \frac{\partial f_x}{\partial x} dx \right) dy\,dz.$$

complessivamente il flusso secondo x nel cubetto sarà:

$$- f_x\,dy\,dz + f_x\,dy\,dz + \frac{\partial f_x}{\partial x} dx\,dy\,dz$$

cioè: essendo: $dx\,dx\,dy = dV =$ volume elementare ripetendo il discorso per le altre componenti $f_y$ ed $f_z$ complessivamente otteniamo:

$$d\varphi = \left( \frac{\partial f_x}{\partial x} + \frac{\partial f_y}{\partial y} + \frac{\partial f_z}{\partial z} \right) dV$$

$$\boxed{\frac{d\varphi}{dV} = div.\vec{f} = \frac{\partial f_x}{\partial x} + \frac{\partial f_y}{\partial y} + \frac{\partial f_z}{\partial z}}$$

poiché il flusso da una superficie <u>chiusa</u> è la somma dei flussi dei singoli cubetti:

$$\oint_S f\cos\alpha\,dS = \int_V d\varphi$$

cioè:

$$\boxed{\oint_S f\cos\alpha\,dS = \int_V div(\vec{f})\,dV} = \int_S \vec{f}\times d\vec{S}$$

È questo il <u>teorema della divergenza</u> il quale esprime che l'integrale della divergenza di un vettore esteso ad un solido è uguale al flusso del vettore attraverso la superficie del solido. (Trasforma un integrale di superficie in integrale di volume (spero più facile) Il <u>teorema della divergenza</u> è detto anche <u>Teorema di Green</u>

# Linee e tubi di flusso di un vettore

Sono linee di flusso di un vettore quelle linee che punto per punto sono tangenti al vettore steno.

se un certo insieme di linee di flusso è recintabile trasversalmente questo insieme si dirà tubo di flusso

Il tubo di flusso non può essere attraversato dal flusso del vettore; perché in ogni punto, ogni sua linea è tangente al vettore stesso.

Ogni cubetto all'interno del tubo di flusso avrà il flusso entrante uguale al flusso uscente cioè avrà $d\varphi = 0$ e quindi anche $\dfrac{d\varphi}{dV} = div\,\vec{F} = 0$

Il flusso nel tubo di flusso è costante questo genere di campi è detto solenoidale

Inversamente un campo solenoidale ha divergenza nulla.

La funzione di quel campo ammette potenziale.

(vedi criterio di Schwarz) Il tubo di flusso e le linee di flusso inducono a considerare superfici sempre in ogni punto perpendicolari al vettore e quindi alle linee di flusso; tali superfici sono dette di livello o equipotenziali

## Circuitazione di un vettore

Integrale lineare o integrale lungo una linea di un vettore. — Il rotore o vorticale dif. —

Consideriamo una linea AB nel campo del vettore $\vec{f}$ proiettiamo il vettore $\vec{f}$ sulla tangente alla linea ed indichiamo con $\vec{f_\ell}$ la sua proiezione: $\vec{f_\ell} = \vec{f} \cos\beta$. Definiamo integrale del vettore $\vec{f}$ in $\widehat{AB} = \ell$, l'integrale

$$\int_{AB} \vec{f_\ell}\, d\ell = \int_{AB} \vec{f} \cos\beta\, d\ell \quad \text{(e se la linea è}$$

orientata) si può scrivere : $= \int_A^B \vec{f} \times d\vec{\ell} = \int_A^B f \cos\beta\, d\ell$

cioè il risultato è uno scalare.

Abbiamo già trattato gli integrali curvilinei. (vol V)

Consideriamo ora nel campo del vettore una linea chiusa che delimiti un'area, dividiamo questa area in rettangoli, se il vettore lungo $\ell$ ha un integrale lineare in un verso l'integrale $\oint_{AB} \vec{f} \times d\ell$ detto circuitazione equivale alla somma delle circuitazioni dei rettangoli perché i tratti interni sono percorsi due volte ed in senso opposto quando si esamini due rettangoli adiacenti.

Consideriamo quindi un rettangolo supponiamo sul piano $zy$ del campo vettoriale, e sia il punto $P$ della linea $AB$ l'origine dei lati in direzione $y$ e direzione $z$ ed i lati siano $dy$ e $dz$

Siano $f_z$ ed $f_y$ le componenti del vettore sugli assi passanti per $P$ avremo le variazioni in figura delle componenti del vettore. Assumiamo come verso positivo di circuitazione (l'integrale lineare del vettore) quello antiorario indicato in figura ed avremo: (detto "$l$" il perimetro del rettangolo) $\int_{P_{xy} LMN} \vec{f_e} \cdot dl =$

$$= + f_y \cdot dy + \left( f_z + \frac{\partial f_z}{\partial y} dy \right) dz + \left( -\left( f_y + \frac{\partial f_y}{\partial z} dz \right) \right) dy + \left( -f_z dz \right) =$$

avremo l'espressione:

$$\oint_{P_{gz} LMN} \vec{f_e} \, dl = \frac{\partial f_z}{\partial y} dy dz - \frac{\partial f_y}{\partial z} dy dz$$

Perciò l'integrale di circuitazione sul piano $zy$

$$\boxed{\oint_{P_{(yz)} LMN} \vec{f_e} \, dl = \left( \frac{\partial f_z}{\partial y} - \frac{\partial f_y}{\partial z} \right) dy dz} = \oint_{zy} f_{zy} \cos \beta_{zy} \, dl_{zy}$$

Definiamo rotore di $\vec{f}$ il vettore perpendicolare all'area circuitata da $\vec{f}$ e lo indicheremo

$$\vec{C} = (\text{rot} \vec{f}) \qquad (\text{vorticale di } \vec{f})$$

ed avrà per modulo il valore della circuitazione diviso per l'area circuitata

nel caso considerato l'asse x è perpendicolare
al rettangolo: PLMN perciò:

$$\vec{C}_x = \left( \frac{\partial \vec{f_z}}{\partial y} - \frac{\partial \vec{f_y}}{\partial z} \right) \qquad \text{e analogamente:}$$

$$\vec{C}_y = \left( \frac{\partial \vec{f_x}}{\partial z} - \frac{\partial \vec{f_z}}{\partial x} \right)$$

$$\vec{C}_z = \left( \frac{\partial \vec{f_y}}{\partial x} - \frac{\partial \vec{f_x}}{\partial y} \right)$$

che saranno le componenti secondo gli assi
del vettore $\vec{C} = rot \vec{f}$

Se la circuitazione di $\vec{f}$ è zero anche
$rot(\vec{f}) = c = $ zero ed il campo si dice irrotazionale
cioè che il campo ammette potenziale, è
solenoidale

Se esiste una funzione $U$ tale che:

$$\frac{\partial U}{\partial z} = f_z \quad ; \quad \frac{\partial U}{\partial y} = f_y \quad ; \quad \frac{\partial U}{\partial z} = f_x$$

$$\frac{\partial^2 U}{\partial y \partial z} = \frac{\partial^2 U}{\partial z \partial y} = \frac{\partial f_z}{\partial y} = \frac{\partial f_y}{\partial z} \quad \text{da cui} \quad \vec{C}_{(x)} = 0$$

$$\frac{\partial^2 U}{\partial z \partial x} = \frac{\partial^2 U}{\partial x \partial z} = \frac{\partial f_z}{\partial x} = \frac{\partial f_x}{\partial z} \quad \text{"} \quad \text{"} \quad \vec{C}_y = 0$$

$$\frac{\partial^2 U}{\partial y \partial x} = \frac{\partial^2 U}{\partial x \partial y} = \frac{\partial f_x}{\partial y} = \frac{\partial f_y}{\partial x} \quad \text{"} \quad \text{"} \quad \vec{C}_y = 0$$

La chiameremo funzione potenziale, (Vedi Vol. III)

# Teorema di Stokes

Dimostriamo, prima di tutto, che la definizione del vettore vorticale o rotore (in inglese Curl = ricciolo) (in tedesco Wirbel = vortice) permette di trasformare un integrale lineare in un integrale di superficie.

$$\oint_l f \cos\beta \, dl = \oint_{yz} f_{yz} \cos\beta_{/yz} \, dl_{yz} + \oint_{xz} f_{zx} \cos\beta_{/zx} \, dl_{zx} + \oint_{xy} f_{xy} \cos\beta_{/xy} \, dl_{xy}$$

Cioè abbiamo scomposto la circuitazione sui tre piani di riferimento xy ; yz ; zx. sapendo che la circuitazione di un vettore lungo una linea è la somma delle circuitazioni delle proiezioni del vettore.

Abbiamo già visto che: $\oint_{zy} f_{zy} \cos\beta_{/zy} \, dl_{zy} = \underline{C_x \, dz \, dy}$

cioè:

$$\boxed{\oint_l f \cos\beta \, dl = C_x \, dS_{zy} + C_y \, dS_{zx} + C_z \, dS_{xy}}$$

ove $dS_{xy}$ ; $dS_{xz}$ ; $dS_{zy}$ ; sono le proiezioni di $dS$.

Notiamo che le componenti di sono normali alle rispettive aree che li moltiplicano cioè il secondo membro è la somma dei flussi delle componenti di C

Cioé sono il flusso di $C$ su $dS$

$$\vec{C}\cos\alpha\, dS = \vec{C} \times dS = \vec{C}_x\, dS_{yz} + \vec{C}_y\, dS_{zx} + \vec{C}_z\, dS_{xy}$$

ed anche

$$\oint_l \vec{f}\cos\beta\, dl = \oint \vec{f} \times dl = C \times dS = rot\,\vec{f} \times dl$$

estendendo il risultato a superficie finite delimitate da una linea $L$ ( $l$ delimitava la superficie infinitesima $dS$) avremo:

$$\boxed{\oint_L \vec{f} \times d\vec{L} = \int_S (\vec{rot(f)}) \times d\vec{S}}$$

$$\underbrace{\qquad\qquad}_{\text{circuitazione di } f \text{ intorno } L} = \underbrace{\qquad\qquad}_{\text{flusso di } rot(f) \text{ attraverso } S}$$

È questo il teorema di Stokes che trasforma un integrale di linea in un integrale di superficie.

<u>La circuitazione di un vettore $\vec{f}$ equivale il flusso del suo rotore attraverso l'area circuitata</u>.

<u>Il vorticale è un vettore a distribuzione solenoidale</u>. (facciamo la divergenza di $rot\,f$)

$$div\,\vec{rot\,f} = \frac{\partial C_x}{\partial x} + \frac{\partial C_y}{\partial y} + \frac{\partial C_z}{\partial z}$$

sostituendo i valori di $C_x$, $C_y$, $C_z$ si ha:

$$div\,rot\,f = \frac{\left(\frac{\partial f_z}{\partial y} - \frac{\partial f_k}{\partial z}\right)}{\partial x} + \frac{\frac{\partial f_x}{\partial z} + \frac{\partial f_z}{\partial x}}{\partial y} + \frac{\frac{\partial f_y}{\partial x} - \frac{\partial f_x}{\partial y}}{\partial z}$$

$$div\,rot(f) = \frac{\partial^2 f_z}{\partial y\,\partial x} - \frac{\partial^2 f_y}{\partial z\,\partial x} + \frac{\partial^2 f_x}{\partial z\,\partial y} - \frac{\partial^2 f_z}{\partial x\,\partial y} + \frac{\partial^2 f_y}{\partial x\,\partial z} - \frac{\partial^2 f_x}{\partial y\,\partial z} = 0$$

$$\boxed{div\,rot(f) = 0} \qquad \text{sempre!}$$

si può anche definire <u>il vorticale "$\vec{c}$" di un vetto</u> <u>re "$\vec{f}$"</u>, come <u>un vettore a distribuzione solenoidale</u> <u>il cui flusso attraverso una certa superficie equi</u> <u>vale la circuitazione di $\vec{f}$ lungo la linea</u> <u>che delimita la superficie stessa</u>

## Il Potenziale

Consideriamo due punti A e B in un campo vettoriale ed uniamo A con B con due diverse linee $l_1$ ed

$l_2$ calcolando l'integrale lineare del vettore f lungo $l_1$ oppure lungo $l_2$ si hanno due casi e cioè i valori di tali integrali possono essere uguali o diversi. Se sono uguali, poiché nella circuitazione una delle due linee avrebbe verso opposto $\overset{l_1}{\widehat{AB}}\ \overset{l_2}{\widehat{BA}}$ vuol dire che la circuitazione sarette nulla. Inversamente presa una linea chiusa di un campo vettoriale, lungo la quale sia nulla la circuitazione e presi su tale linea due punti qualsiasi A e B l'integrale lineare da A a B è uguale per i due tratti in cui è stata divisa la linea.

Essendo nulla la circuitazione il campo è quindi irrotazionale : $\left(rot(\vec{f}) = 0\right)$, o come si dice solenoidale e l'integrale di $\vec{f}$ lungo una linea aperta $\overset{\frown}{AB}$ è indipendente dal percorso della linea e dipende solo dai limiti $A$ e $B$.

Affinché ciò si verifichi deve essere $C = 0$
$C_x = 0$ ; $C_y = 0$ ; $C_z = 0$ cioè:

$$\frac{\partial f_y}{\partial x} - \frac{\partial f_x}{\partial y} = 0$$

$$\frac{\partial f_x}{\partial z} - \frac{\partial f_z}{\partial x} = 0$$

$$\frac{\partial f_z}{\partial y} - \frac{\partial f_y}{\partial z} = 0$$

che sono le condizioni che l'espressione:

$$f_{(x)} \, dx + f_y \, dy + f_z \, dz = dU$$

sia un differenziale esatto.

Abbiamo già ipotizzato l'esistenza della funzione potenziale $U$. Tal volta si usa porre $U = -V$ ove il segno negativo di $V$ implica che nella direzione del vettore assunta come positiva il Potenziale diminuisce.

Se esiste il potenziale avremo che:

$$fl = -\frac{dV}{de} \; ; \; f_x = -\frac{\partial V}{\partial x} \; ; \; fy = -\frac{\partial V}{\partial y} \; ; \; f_z = -\frac{\partial V}{\partial z}$$

cioè Le derivate parziali secondo una dire zione della funzione potenziale sono le proiezioni del vettore campo secondo quella direzione. (prese di segno opposto). Si può dire sono le componenti del vettore campo

Ne segue che per avere il valore totale del vettore campo in un punto basta prendere, (cambiata di segno) la derivata del potenzia le in quel punto rispetto alla normale alla superfi cie di livello o equipotenziale passante per esso.

Le derivate di -V rispetto alle tangenti la superficie di livello sono nulle $-\frac{\partial V}{\partial t} = 0$

od anche: $\frac{dV}{dt} = 0$ infatti su tali superfici V è una costante.

# Il potenziale policiclico

Abbiamo visto che il rotore o vorticale di un vettore $\vec{f}$ è un vettore che genera un campo solenoidale, cioè i tubi di flusso del rotore sono a flusso costante il che vuol dire che in ogni sezione il flusso uscente è uguale a quello entrante (infatti: div rot $f = 0$) ma affinché ciò si verifichi occorre che i tubi di flusso si richiudano su se stessi, (magari $\pm \infty$ può essere il ricongiungimento)

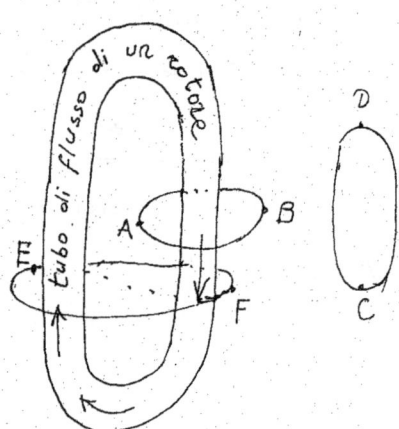

Consideriamo un tubo di flusso di un rotore in campo finito, e consideriamo tre linee chiuse:

AB concatenata con l'anello di flusso; CD esterna all'anello di flusso EF racchiudente l'anello di flusso. Supponiamo nullo il rotore in tutto il campo esterno al tubo di flusso, avremo che la circuitazione di rot(f) lungo AB è pari al flusso di rot f nel tubo mentre è nulla la circuitazione di rot f lungo CD. Anche lungo la linea EF la circuitazione di rot(f) è nulla perché attraverso la superficie delimitata dalla linea EF il tubo di flusso passa due volte e con versi opposti, per cui matematica= mente si annullano. Se consideriamo due punti E ed F di tale linea e li riuniamo con una linea che attraversa l'anello di flusso, avremo che lungo tale linea l'inte= grale lineare di rot(f) è identicamente nullo: mentre

$$\int_E^F rot(f) \times dl = 0$$

. Mentre

gli integrali lineari $\int_E^F rot(f) \times dl$ che passano per linee che non attraversano l'anello, essendo il campo solenoidale, saranno diversi da zero ed uguali fra loro, affinché sia nulla la circuitazione esterna. Il Vallauri (cfr. Dal Monte - V. Zerbini C. Cania - Corso di Elettrotecnica - ed. Di Giorgio - Torino) dice: "Lungo la linea AB invece la circuitazione è uguale al flusso del vorticale, per cui non si può parlare di potenziale nel senso precedente= mente definito. In questo caso ad ogni giro la circuitazione varia di una quantità uguale al flusso del vorticale, e si può definire una funzione simile al potenziale sopra definito, detta Potenziale Policiclico." (che utilizzerà per i campi magnetici)

(le sezioni N ed S sono le sezioni dell'anello di flusso

# Alcune osservazioni sul simbolismo

Mentre in analisi bastano le lettere per indicare quantità qualificate ed il simbolismo è pressoché unificato, (Vedi vol I) In analisi vettoriale i simboli possono e sono molto spesso essere molto diversi.

Per indicare che una certa lettera dell'alfabeto rappresenta un vettore (per esempio: $u$)

I francesi la sopralineano con una freccetta $\vec{u}$

Alcuni testi sottolineano $\underline{u}$

altri scrivono in grassetto **u**

i tedeschi usano il gotico 𝔲

per indicare il modulo in genere usano la stessa lettera non evidenziata cioè senza sopralineature o sottolineature, non in grassetto non in gotico, altri aggiungono due barrette $|u|$ = modulo di $\vec{u}$, altri scrivono mod $\vec{u}$.

In genere i versori (vettori unitari $\vec{i}, \vec{j}, \vec{k}$ oppure $\vec{t}, \vec{n}, \vec{b}$ che abbiamo già visto) si scrivono con lettere minuscole.

Purtroppo è molto facile dimenticarsi di evidenziare, e la scrittura del simbolismo vettoriale diventa fastidiosa. Per non dire (come abbiamo già esposto) che la notazione di prodotto vettoriale $(\wedge)$ in america è $\times$ come il prodotto scalare in notazione europea; ed il prodotto scalare $(\cdot)$ in notazione americana è $(\cdot)$ come il prodotto ordinario in europea. —

(Riteniamo che, i simboli dovrebbero essere unificati)

# Riepilogo delle correlazioni fra gli operatori vettoriali.

Sia: $\boxed{\vec{f} = X\vec{i} + Y\vec{j} + Z\vec{k}}$  *il vettore del campo*

$\boxed{\vec{f} = grad.\,\mathcal{U}}$  $\mathcal{U}$ = lo scalare potenziale se esiste il campo è detto solenoidale o irrotazionale

$\boxed{grad\,\mathcal{U} = \dfrac{\partial\mathcal{U}}{\partial x}\vec{i} + \dfrac{\partial\mathcal{U}}{\partial y}\vec{j} + \dfrac{\partial\mathcal{U}}{\partial z}\vec{k}}$  L'operatore gradiente

trasforma uno scalare in un vettore, ove le sue derivate rispetto agli assi sono le componenti del vettore (proporzionali ai coseni direttori della direzionalità di $\vec{f}$) $\dfrac{\partial\mathcal{U}}{\partial x} = X$ ; $\dfrac{\partial\mathcal{U}}{\partial y} = Y$ ; $\dfrac{\partial\mathcal{U}}{\partial z} = Z$.

$\boxed{\varphi = \displaystyle\int_{S} \vec{f} \times d\vec{S}}$  $\varphi$ è il flusso (scalare) del vettore $\vec{f}$ attraverso la superfi= cie $\vec{S}$ orientata (punto per punto)

$\left(\vec{f} = \dfrac{d\varphi}{d\vec{S}}\right)$ Se la superficie è chiusa : La derivata del flusso rispetto al volume $V$ (scalare) attraversato:

$\boxed{\dfrac{d\varphi}{dV} = div.\vec{f}}$  è lo scalare divergenza di $\vec{f}$

$\boxed{div(\vec{f}) = \dfrac{\partial f_{(x)}}{\partial x} + \dfrac{\partial f_{(y)}}{\partial y} + \dfrac{\partial f_{(z)}}{\partial z}}$ cioè : l'operatore divergenza trasforma il vettore $\vec{f}$ in uno scalare che è il flusso per unità di volume

Condizione necessaria, ma non sufficiente affinché sia
$\vec{f} = cost$ è che $div\, \vec{f} = 0$

$$\int_V div(\vec{f})\, dV = \int_S \vec{f} \times d\vec{S}$$

è il teorema
della
divergenza
o di Green

trasforma un integrale di superficie in integrale di volume.

$$rot(\vec{f}) = \left(\frac{\partial f_{(z)}}{\partial y} - \frac{\partial f_{(y)}}{\partial z}\right)\vec{i} + \left(\frac{\partial f_{(x)}}{\partial z} - \frac{\partial f_{(z)}}{\partial x}\right)\vec{j} + \left(\frac{\partial f_{(y)}}{\partial x} - \frac{\partial f_{(x)}}{\partial y}\right)\vec{k} = \vec{C}$$

l'operatore rotore trasforma un vettore $\vec{f}$ in
un altro vettore $\vec{C}$ detto vorticale o rotore di $\vec{f}$.
Questo vettore ha distribuzione solenoidale per
cui:  $div\, rot(\vec{f}) = 0$

Dicesi circuitazione di $\vec{f}$ su una linea chiusa
l'integrale $\oint \vec{f} \times dl$ prodotto del vettore $\vec{f}$ per gli elementi
di linea. Si ha l'uguaglianza:

$$\int_L \vec{f} \times d\vec{l} = \int_S rot(\vec{f}) \times d\vec{S}$$

Teorema di stokes
che trasforma un

integrale di linea in integrale di superficie.
Quando: $rot\, \vec{f} = 0$  il campo è irrotazionale ossia
solenoidale.

Anziché scrivere: $\int_S \vec{f} \times d\vec{S} = $ (meglio) $\int_S \vec{f} \times \vec{n}\, dS$

$\int rot\, \vec{f} \times d\vec{S} = \int rot\, \vec{f} \times \vec{n}\, dS$

ove $\vec{n}$ è il versore della normale alla superficie

Sia $\vec{f}$ funzione del punto $P$ cioè: $\vec{f} = \vec{f}(P)$.

diamo a $P$ due spostamenti infinitesimi distinti, (differenziali) $d_1 P$, $d_2 P$; a ciascuno dei quali corrispondono le variazioni: $d_1 \vec{f}$ e $d_2 \vec{f}$, esiste un unico vettore $\vec{c} = rot\, \vec{f}$ tale che:

$$rot(\vec{f}) \times d_1 P \wedge d_2 P = d_1\vec{f} \times d_2 P - d_2\vec{f} \times dP$$

$$rot(m\vec{f}) = m\, rot\, \vec{f} + grad\, m \wedge \vec{f} \qquad con\ m = m(P).$$

$$rot\, grad\,(m) = 0$$

$$rot\,(P-0) = 0 \qquad\qquad rot\,\{\vec{a} \wedge (P-0)\} = 2\vec{a}$$

## L'operatore di Laplace

Si indica ordinariamente con $\Delta$ ma è anche usato $\nabla^2$ (nabla) od anche $\nabla$ o $\Delta^2$ è uno scalare di uso frequente: uguagliato a zero è l'equazione di Laplace

$$\Delta(u) = div\, grad\,(u) = \frac{\partial^2 u}{\partial x^2} + \frac{\partial^2 u}{\partial y^2} + \frac{\partial^2 u}{\partial z^2} \neq 0 \qquad l'operatore$$

è quindi una trasformazione da scalare a scalare passando per il vettore. $grad(u) = \frac{\partial u}{\partial x}\vec{i} + \frac{\partial u}{\partial y}\vec{j} + \frac{\partial u}{\partial z}\vec{k}$ ove $grad(u)$ è perpendicolare alle superfici equipotenziali cioè ad $u = cost$. Se $grad(u)$ è lo spostamento di un corpo continuo, $div(grad(u))$ è il coefficiente di dilatazione cubica.

$$grad \cdot div(\vec{u}) - rot^2 \vec{u} = \left(\frac{\partial^2 \vec{u}}{\partial x^2} + \frac{\partial^2 \vec{u}}{\partial y^2} + \frac{\partial^2 \vec{u}}{\partial z^2}\right) = \Delta \vec{u} \qquad \begin{array}{l}(attenzione)\\ qui\ \vec{u}\\ è\ vettore\end{array}$$

Altre formule interessanti:

$$\boxed{div(P-O) = 3}$$

infatti le componenti di $(P-O)$ sono $x, y, z$

$$div(P-O) = \frac{dx}{dx} + \frac{dy}{dy} + \frac{dz}{dz} = 3$$

Se indichiamo:

$\vec{E}$ = campo elettrico

$\vec{J}$ = campo di corrente elettrica $\quad \vec{J} = \sigma(\vec{E} + \vec{E_i})$; $(\sigma = $ conduttività$)$

$\vec{D}$ = campo dielettrico $\qquad\qquad \vec{D} = \varepsilon \vec{E}$ $\;(\varepsilon = $ costante dielettrica$)$

$\vec{H}$ = campo magnetico $\qquad\qquad \vec{B} = \mu \vec{H}$ $\;(\mu = $ permeabilità magnetica$)$

$\vec{B}$ = campo induzione magnetica $\;$ abbiamo: $(t = $ tempo$)$

$$\boxed{\begin{aligned} \vec{rot}\, \vec{H} &= \vec{J} + \frac{\partial \vec{D}}{\partial t} \\ \vec{rot}\, \vec{E} &= -\frac{\partial \vec{B}}{\partial t} \end{aligned}} \qquad \text{equazioni di Maxwell}$$

$$\boxed{div\, \vec{J} + \frac{\partial \rho}{\partial t} = 0} \qquad ove\,(\rho = \text{densità di carica elettrica})$$

moltiplicando per $\vec{E}$ scalarmente la I$^a$ equaz. di Maxwell:

$$\vec{E} \times \vec{rot}\, \vec{H} = \vec{E} \times \vec{J} + \vec{E} \times \frac{\partial \vec{D}}{\partial t}$$

sottraendovi la II$^a$ eq. di Maxwell moltiplicata per $\vec{H}$

$$\vec{E}\,\vec{rot}\,\vec{H} - \vec{H}\,\vec{rot}\,\vec{E} = \vec{J}\vec{E} + \vec{E}\frac{\partial \vec{D}}{\partial t} + \vec{H}\frac{\partial \vec{B}}{\partial t} \qquad \text{integrando}$$

ma: $\boxed{\vec{E}\times\vec{rot}\,\vec{H} - \vec{H}\times\vec{rot}\,\vec{E} = div(\vec{E}\wedge\vec{H})}$ $\boxed{\vec{P_i} = \int_S (\vec{E}\wedge\vec{H})\,n\,dS = \begin{array}{c}\text{Vettore}\\\text{di}\\\text{Poynting}\end{array}}$

avremo il bilancio energetico:

$$\boxed{\int_V \vec{E_i}\vec{J}\,dv = \int_V \frac{\vec{J}^2}{\sigma}\,dv + \frac{d}{dt}\int \frac{\varepsilon\vec{E}^2 + \mu\vec{H}^2}{2}\,dv + \int_S (\vec{E}\wedge\vec{H})\,n\,dS}$$

$\begin{array}{c}(\text{campo}\\\text{impresso})\end{array} = \begin{array}{c}\text{Potenza dissipata}\\\text{per effetto Joule}\end{array} + \begin{array}{c}\text{energia elettromagnetica}\\\text{immagazzinata}\end{array} + \begin{array}{c}\text{potenza irradiata}\\\text{attraverso } S\end{array}$

# Un metodo per trovare il vettore
## reciproco della somma di due reciproci

Dati graficamente i vettori $\vec{A}$ e $\vec{B}$
trovare graficamente il vettore:

$$\vec{Z} = \frac{1}{\dfrac{1}{\vec{A}} + \dfrac{1}{\vec{B}}}$$

Soluzione:

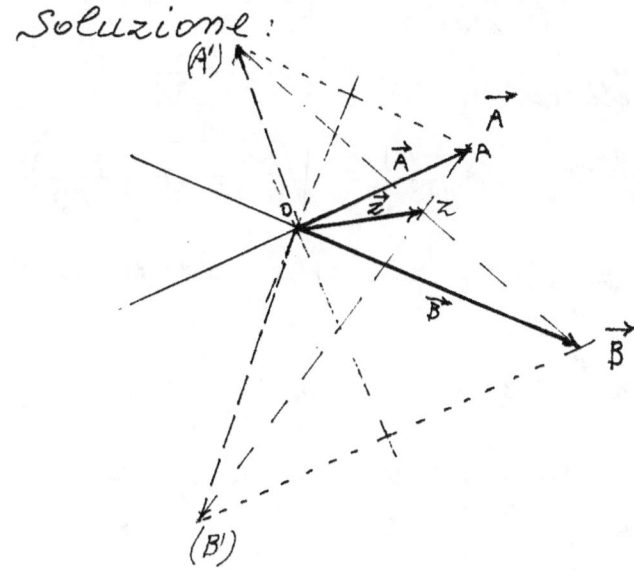

Siano: $\overrightarrow{OA} = \vec{A}$ ed

$\overrightarrow{OB} = \vec{B}$

i vettori dati,

rappresentati

uscenti dal punto

comune O.

Le rette di azione,

facciano da specchio all'altro vettore, per
cui $\overrightarrow{O(B')}$ è l'immagine speculare di $\vec{B}$, ed
$\overrightarrow{O(A')}$ è l'immagine speculare di $\vec{A}$;
unito: A con (B') e B con (A') otteniamo
il punto comune $z$ ove: $\overrightarrow{OZ} = \vec{Z} = \dfrac{1}{\dfrac{1}{\vec{A}} + \dfrac{1}{\vec{B}}}$
valido come modulo e come direzione
(argomento) rispetto a qualsiasi sistema di
assi di riferimento.

Facciamo la dimostrazione:

## Dimostrazione

È noto che dato il vettore $\vec{A}$ è possibile mediante una polarità trovare il vettore $\frac{1}{\vec{A}}$, con le solite notazioni, sia infatti $\vec{A} = a + jb$ ;

$$\frac{1}{\vec{A}} = \frac{1}{(a+jb)} = \frac{a-jb}{a^2+b^2} = \left(\frac{a}{a^2+b^2} - j\frac{b}{a^2+b^2}\right)$$

posto: $m = \frac{a}{a^2+b^2}$ ; $n = \frac{b}{a^2+b^2}$ ; $\boxed{\frac{1}{\vec{A}} = (m - jn)}$

Il modulo del vettore $\vec{A} = |A| = \left(\sqrt{a^2+b^2}\right)$

Il modulo del vettore $\frac{1}{\vec{A}} = \left|\frac{1}{A}\right| = \sqrt{\left(\frac{a}{a^2+b^2}\right)^2 + \left(\frac{b}{a^2+b^2}\right)^2}$

$$\left|\frac{1}{A}\right| = \frac{\sqrt{a^2+b^2}}{\sqrt{(a^2+b^2)^2}} = \left(\frac{1}{\sqrt{a^2+b^2}}\right) = \text{inverso del modulo di } \vec{A}$$

L'argomento principale del vettore $\vec{A} = \varphi = \text{arctg}\left(\frac{b}{a}\right)$

L'argomento principale del vettore $\frac{1}{\vec{A}} = \text{arctg}\left(\frac{-b}{a^2+b^2} \Big/ \frac{a}{a^2+b^2}\right)$

cioè: $\text{arctg}\left(\frac{-b}{a}\right)$

Ciò indica che i rettori si trovano da banda opposta rispetto all'asse cartesiano assunto per le grandezze reali, e formano con esso angoli explementari.

Abbiamo già esposta una costruzione grafica del reciproco di un segmento (v. Vol I pag 49), ma per questa dimostrazione useremo un'altro teorema di geometria elementare, facilmente dimostrabile. Cioè dato un punto P esterno ad un cerchio di raggio R, tracciamo le tangenti, e costriamo il punto P' comune alla retta per i punti di tangenza ed al diametro per P; se C = centro del cerchio : $\overline{PC} : \overline{TC} = \overline{TC} : \overline{P'C}$

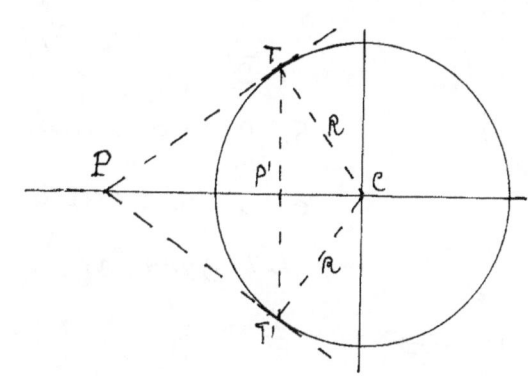

$$\overline{PC} : R = R : \overline{P'C}$$

$$\overline{PC} \cdot \overline{P'C} = R^2$$

$$\overline{PC} = R^2 \cdot \frac{1}{\overline{P'C}}$$

e se poniamo $R = 1$

$$\boxed{\overline{PC} = \frac{1}{\overline{P'C}}}$$

Qualora si conosca la scala del modulo di $\vec{A}$ cioè il segmento unitario da porre $R = \underline{1}$,

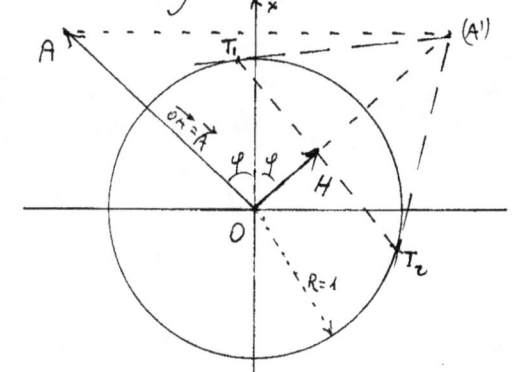

è possibile trovare il vettore $\frac{1}{\vec{A}}$, infatti:

sia : $\vec{A} = \vec{OA}$ di argo= mento $\varphi$ rispetto ad x.

sia (A') simmetrico di

A rispetto ad X, sla (A') le tangenti in $T_1 T_2$ al cerchio di centro O e raggio unitario, sia H il punto comune ad $\overline{O(A')}$ e $\overline{T_1 T_2}$ avremo :

$$\vec{H} = \vec{OH} = \frac{1}{\vec{OA}} = \frac{1}{\vec{A}}$$

Notiamo che è stato necessario conoscere il segmento unitario 'R" (modulo della scala grafica)

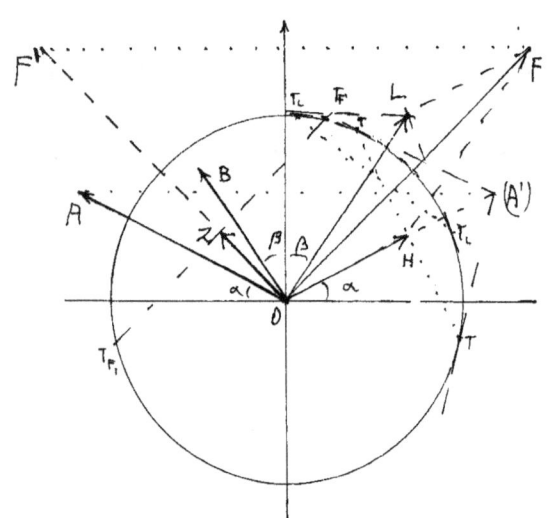

Costruiti col pro=
cedimento dimostra=
to i vettori:

$$\frac{1}{\vec{A}} = (H - O)$$

$$\frac{1}{\vec{B}} = (L - O)$$

si compongono
con la regola
del parallelogram=

ma e si trova il vettore: $\frac{1}{\vec{Z}} = \frac{1}{\vec{A}} + \frac{1}{\vec{B}} = (F - O)$

invertendo il quale si trova: $\vec{Z} = (Z - O) = \dfrac{1}{\frac{1}{\vec{A}} + \frac{1}{\vec{B}}}$

supponendo di aver eseguito i vari pro=
cedimenti d'inversione con raggio R diverso
da 1 avremmo ottenuto:

$$(H - O) = \frac{R^2}{\vec{A}} \quad ; \quad (L - O) = \frac{R^2}{\vec{B}} \quad ; \quad (F - O) = \frac{R^2}{\vec{A}} + \frac{R^2}{\vec{B}} \quad ;$$

$$(Z - O) = \frac{R^2}{\frac{R^2}{\vec{A}} + \frac{R^2}{\vec{B}}} = \frac{1}{\frac{1}{\vec{A}} + \frac{1}{\vec{B}}} = \vec{Z}$$

con ciò resta dimostrato che il risultato è
lo stesso ed è indipendente dalla misura
del raggio del cerchio col quale si opera.
Quindi il raggio del cerchio possiamo sceglierlo
arbitrariamente.

Se come raggio del cerchio assumiamo
quello per il quale il modulo di un vettore

risulta pari al modulo dell'altro vettore
invertito mediante questo cerchio e viceversa,
se cioè il raggio sia medio proporzionale fra
il prodotto dei moduli:

$$|\vec{A}| \cdot |\vec{B}| = \rho^2 = K \qquad (K = \text{potenza d'inversione})$$

$$|\vec{A}| = K/|\vec{B}| \qquad ; \qquad |\vec{B}| = K/|\vec{A}|$$

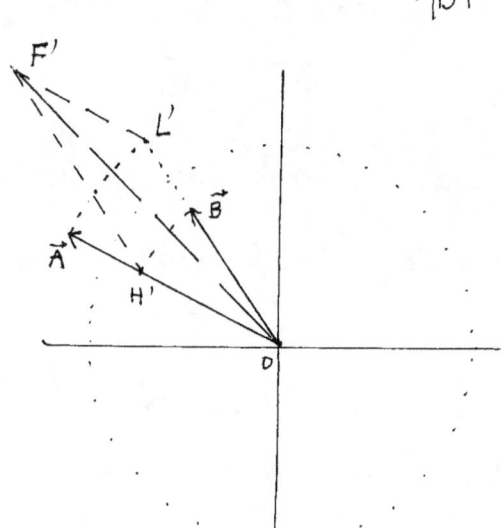

Vediamo subito che, essen=
do la direzione $\overrightarrow{OF'}$, identi=
ca a quella di $Z$, conside=
rando $\overrightarrow{OF'}$ come somma
dei vettori: $(L'-O)$ ed $(H'-O)$
ove: $(L'-O)$ ha lo stesso mo=
dulo di $\vec{A}$ e l'argomento
di $\vec{B}$ ed $(H'-O)$ ha lo stesso
modulo di $\vec{B}$ e l'argomento di $\vec{A}$, con ciò resta
determinata la direzione (cioè l'argomento) di :

$$\vec{Z} = \frac{1}{\frac{1}{\vec{A}} + \frac{1}{\vec{B}}}$$

D'altra parte il vettore $(F'-O)$ ha per modulo
lo stesso modulo di $\vec{A} + \vec{B}$ cioè:

$$\overline{OF'} = \frac{\rho^2}{|\vec{A}|} + \frac{\rho^2}{|\vec{B}|} = \rho^2 \left( \frac{1}{|\vec{A}|} + \frac{1}{|\vec{B}|} \right) = \rho^2 \frac{1}{|\vec{Z}|}$$

essendo: $\rho^2 = |\vec{A}| \, |\vec{B}|$ possiamo scrivere,

$$\overline{OF'} \cdot |\vec{Z}| = \rho^2 = |\vec{A}| \cdot |\vec{B}|$$

$$\overrightarrow{OF'} / |B| = \frac{|A|}{|z|}$$

$$|Z| : |A| = |B| : \overrightarrow{OF'}$$

rappresentiamo ora graficamente tale propor-
zione, dopo aver costruito $\overrightarrow{OF'}$, riportiamo

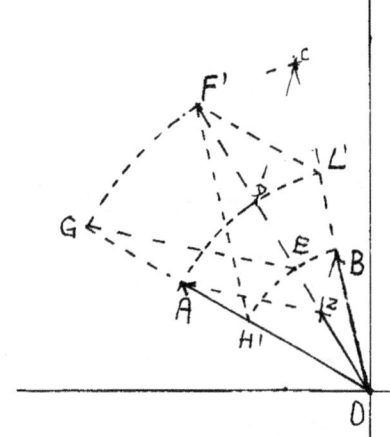

sul prolungamento di $\overrightarrow{OA}$
il punto "G", tale che:

$$\overline{OG} = \overline{OF'}$$

riportiamo su OF' il
punto "E" tale che:

$$\overline{OE} = \overline{OB}$$

unito "G" con "E", si traccia per "A" la parallela
a $\overline{GE}$ fino all'incontro con $\overline{OF'}$ in "Z".

Avremo:

$$\overline{OZ} : \overline{OA} = \overline{OE} : \overline{OG}$$

ma: $\overline{OA} = |\vec{A}|$ ; $\overline{OE} = |\vec{B}|$ ; $\overline{OG} = \overline{OF'}$ ;

quindi: $$\overline{OZ} : |\vec{A}| = |\vec{B}| : \overline{OF'}$$

perciò il segmento $\overline{OZ}$ rappresenta il mo-
dulo di z, cioè: $\overline{OZ} = |\vec{z}|$ , e la pro-
porzione può anche scriversi:

$$|\vec{Z}| : |\vec{B}| = |\vec{A}| : \overline{F'O}$$

Alle stesse conclusioni si giunge riportando $\overline{OF'}$ in "c"
sul prolungamento di $\overline{OB}$, che unito con D è parallelo a $\overline{BZ}$.

Quindi $\vec{OZ}$ rappresenta il vettore $(z-o) = \vec{Z}$

$$\vec{Z} = \cfrac{1}{\cfrac{1}{\vec{A}} + \cfrac{1}{\vec{B}}}$$

Consideriamo ora i triangoli F'L'O e CDO essi sono uguali, diversamente disposti infatti:

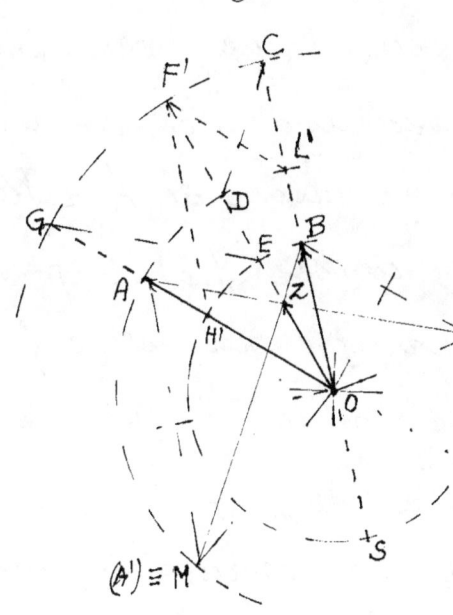

$\overline{F'O} = \overline{OC}$ per costruzione;

$\overline{OL'} = \overline{OD}$ per costruzione;

l'angolo $L'\hat{O}F' = C\hat{O}D$, comune;

quindi i lati $\overline{DC} = \overline{F'L'}$

e gli angoli $O\hat{F'}L' = O\hat{C}D$.

Ma $\overline{F'L'} = \overline{OH'} = \overline{OB} = |\vec{B}|$ per costruzione, perciò:

$$\overline{DC} = \overline{OB} = |\vec{B}|.$$

Analogamente si può dimostrare che $\overline{GE} = \overline{OA} = |\vec{A}|$.

Prolunghiamo ora $\overline{BZ}$ fino ad un punto M, tale che $\overline{BM} = \overline{OF'}$, si dimostra subito che i triangoli $O\hat{M}B$ ed $O\hat{L'}F'$ sono uguali, infatti: $\overline{BM} = \overline{OF'}$ per costruzione; $\overline{OB} = \overline{L'F'}$, per quanto sopra dimostrato; gli angoli: $M\hat{B}O = D\hat{C}O$ perché corrispondenti, ma $D\hat{C}O = O\hat{F'}L'$ (per quanto sopra dimostrato) quindi anche il lato $\overline{OM} = \overline{OL'} = \overline{OA}$ come dimostrato. Quindi $\overline{OM} = \overline{OA}$ ed il triangolo $A\hat{O}M$ è isoscele e gli angoli $M\hat{A}O = O\hat{M}A$ sono uguali.

Dalla uguaglianza dei triangoli $M\hat{O}B$ ed $O\hat{L'}F'$
si ha che l'angolo $M\hat{O}B = O\hat{L'}F' = (\pi - C\hat{L'}F') = (\pi - \hat{B}\hat{O}A)$,
allora prolungando il lato $\overline{BO}$ oltre l'origine O in
"S" si ha: $M\hat{O}B = (\pi - \hat{B}\hat{O}A) = (\pi - M\hat{O}S)$ cioè: $M\hat{O}S = \hat{B}\hat{O}A$
il che vuol dire che il vettore $\overline{OB}$ è parallelo al
segmento $\overline{MA}$ la normale per "O" a queste parallele
incontra $\overline{MA}$ nel punto mediano ($M\hat{O}A$ è isoscele)
per cui "M" è l'immagine speculare di "A" riflessa
da $\overline{OB} = |\vec{B}|$ e la retta che unisce M con B passa
per $z$. La stessa dimostrazione può essere fatta
per "N" immagine di "B" riflessa da $\overline{OA} = |\vec{A}|$, ore la
retta che unisce "N" con "A" passa per $z$.

Resta così dimostrata la costruzione del
vettore reciproco della somma dei reciproci
valido come modulo e argomento rispetto a
qualsiasi sistema di riferimento ed esposto nella
stessa scala e con gli stessi riferimenti dei
vettori noti $\vec{A}$ e $\vec{B}$ (cioè indipendente dai
segmenti unitari necessari per costruire i reciproci)

$$\boxed{\vec{Z} = \frac{1}{\dfrac{1}{\vec{A}} + \dfrac{1}{\vec{B}}}}$$

$$\frac{1}{\vec{Z}} = \frac{1}{\vec{A}} + \frac{1}{\vec{B}}$$

Le composizioni e scomposizioni dei vettori frequenza ci danno la somma o la differenza
o la ripartizione di frequenze.

Per quadrato di una frequenza è da
intendersi la <u>frequenza</u> <u>di una frequenza</u>,
è una <u>frequenza spaziale</u>.

<u>Il concetto di frequenza</u> deve essere ap-
profondito; ha in sé <u>l'unità di misura</u>
<u>del tempo</u>, non solo perché gli uomini hanno
scelto come unità di tempo certe frequenze
astronomiche, ma perché ne connette, col pendolo, le misure lineari, le azioni ponderomotrici,
ed in genere tutta la fenomenologia fisica.
Abbiamo già trattato il problema del pendolo, si
noti che, avendo preso il ciclo, come angolo
giro, come unità, esso è divisibile per
le potenze di due moltiplicate per 1, 3, 5;
ma non è divisibile per 7, per 9, per 11. ecc –
Data una <u>frequenza</u> detta <u>fondamentale</u>
i multipli interi di essa sono dette:
"<u>armoniche</u>". Abbiamo visto che la frequenza
è l'inverso del periodo: $\left( \nu = \frac{1}{T} \right)$ e che la
misura del tempo si è convenzionalmente riferita

_Le grandezze fisiche_, che non necessitavano di una direzione furono dette "_scalari_".

Però il vettore geometrico: (P−O) ha un preciso punto di applicazione ed una _retta di azione_ giacente su $\overline{PO}$, col verso da "O" a "P" (era più simile a ciò che fu chiamato "forza") Abbiamo già espresso il nostro pensiero in proposito. Mentre il momento non ha un punto di applicazione, la sua azione vale per tutti i punti del piano, e l'insieme delle rette normali al piano hanno la direzione del momento (direzionalità delle rette di giacitura di quel piano). È ovvio che il prodotto scalare, ed il prodotto vettoriale, possono portare incongruenze, quando non siano ben definite le caratteristiche dei due fattori vettoriali.

Ma noi, come ci siamo proposti, vogliamo ripartire da zero.

In questa parte vogliamo applicare la matematica alla fenomenologia che ci circonda, cercando, per quanto possibile, di evitare _le arbitrarietà_, che, troppo spesso, hanno falsato il fenomeno impedendone la conoscenza.

La prima unità dimensionale che abbiamo accettato è "l'angolo giro" o "ciclo", ne abbiamo evidenziato le differenze. Ne consegue il concetto di frequenza, se introduciamo il tempo, o il movimento, che implicitamente ci dà il tempo. Se consideriamo l'angolo giro nel tempo zero esso ci dà contemporaneamente tutte le direzioni uscenti da ciascun punto del piano e perpendicolari alla retta normale al piano per quel punto (rette di giacitura, ossi,) La direzione del vettore momento è l'asse dell'angolo giro.

Il fluire nel verso e nella direzione del vettore momento ci dà il moto di traslazione lineare, mentre il ruotare dell'angolo giro ci dà il moto di rotazione.

In campo finito il moto di un corpo è sempre riducibile ad una traslazione ed una ruotazione, ove la retta della traslazione può essere diversa dall'asse di rotazione. Queste due rette possono essere individuate dalla posizione iniziale e finale; ma possono anche individuarsi istante per istante

La grandezza "tempo" è implicita nella parola "Variazione" poiché ogni variazione ammette un "prima" ed un "dopo", in ciò un tempo, (ne abbiamo già fatto cenno) perciò nel nostro studio entriamo nel campo tetra-dimensionale, ove la quarta dimensione è il tempo. Al nostro sistema di riferimento, manca l'origine: "0", che può essere l'osservatore, l'"io" puntiforme di cui abbiamo già parlato; le tre direzioni ortogonali uscenti da "0" sono definite da tre punti indefinitamente lontani; $X$; $Y$; $Z$; per cui le tre direzioni non mutano al variare dell'origine "0" = (l'io puntiforme) le distanze da 0, com'è consuetudine in geometria analitica, si indicano con: $x, y, z$; (e variano al variare di "0") Per il tempo, subentra la non facile definizione di "Contemporaneità", problema affrontato nella relatività, Galileiana ed Einstainiana.
Consideriamo due uomini che si danno la mano, il contatto fra le due mani è contemporaneo, però i due uomini si trovano da banda opposta al meridiano di cambiamento di data, che attraversa il

contatto, in questo caso, sembrerebbe, che la
"contemporaneità" differisca di 24 ore;
ma ciò dipende dall'aver riferito la misura
del tempo ai movimenti della terra.
Guardando la terra ed i suoi meridiani
individuati dall'ora di Greenwich, dal

Nord, vediamo come a fianco, e l'istante che fissa le ore 12 di Greenwich

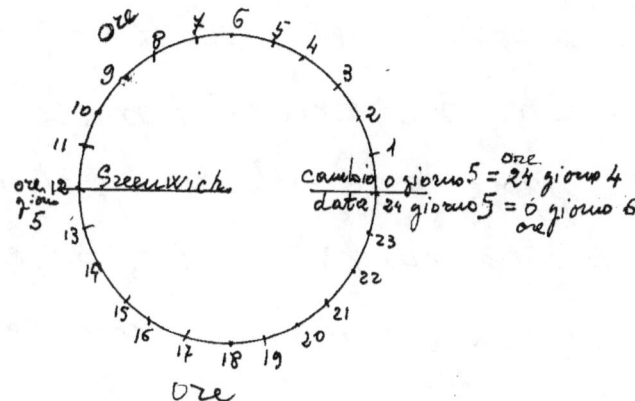

si vedono le ore degli altri meridiani.

Lo stesso discorso può farsi sull'eclittica
divisa in dodici mesi, e la stretta di mano
differirebbe di un anno.

Se l'istante in cui si è focalizzata l'ora
sui meridiani terrestri è unico per tutto il
cosmo avremmo definito la contemporaneità.

Poiché le immagini si muovono con la velocità
della luce, un osservatore che si allontani
da un orologio con la velocità della luce,
dicono !!!, vedrebbe sempre la stessa ora.
(il flusso di luce non entrerebbe nel suo occhio se non si ferma)

A parte il fatto che la velocità della luce
non è velocità limite, ma esistono, nel reattore
nucleare, particelle che si muovono a velocità superiore a quella della luce, consentendo l'auto
fotografia (effetto Cerenkov). Che il cosiddetto
vuoto è un assurdo perché all'atto stesso che
pronunciamo la parola "nel" lo riempiamo
di quel qualcosa. Che nei vari mezzi materiali,
la velocità delle singole onde elettromagnetiche
che determinano lo spettro dei colori, differiscono fra loro; (il rapporto fra le velocità
nei due mezzi è l'indice di rifrazione relativo)
Tuttociò ridimensiona le teorie Einstaniane,
e le conseguenze che se ne deduceva.

Facciamo un'altro esempio: supponiamo
che l'orologio abbia emesso un suono,
(battuto un colpo, ma un suono non è mai istantaneo) e che l'osservatore si allontani con la
velocità del suono, per risentirlo deve averlo
superato e si deve fermare per quel tempo
che necessita al suono altrimenti lo sente
distorto. (Si noti come osservando una corsa
automobilistica dal bordo di una strada,

la velocità della macchina in arrivo comprime le frequenze elastiche del suono che la precede diminuendone la lunghezza d'onda e si sente un suono più acuto di quello reale. Non appena la macchina c'è passata davanti il suono che lei emette viene verso di noi in senso opposto e la velocità della macchina addizionandosi a quella del suono ne allunga la lunghezza d'onda e si sente un suono più grave del reale. La variazione da più acuto a più grave si ha proprio quando la macchina ci passa davanti.

Per recepire una frequenza occorrono alcune lunghezze d'onda, in genere non basta una sola, cioè occorre un piccolo intervallo di tempo. Occorre un quoto di energia, ciò vale per tutte le frequenze sia ottiche, sia acustiche; quindi una immagine è un quoto di energia, come l'osservatore acustico ha dovuto sorpassare il suono e, per poterlo udire, ha dovuto fermarsi; la stessa cosa deve fare l'osservatore ottico. Si può vedere la stessa immagine per molto tempo solo se c'è una sorgente luminosa che continua ad illuminarla.

Quindi per un quoto di energia occorre un intervallo di tempo.

Non intendiamo, almeno per ora, entrare nel merito della teoria di Planck sulla distribuzione a gradini (quanti di energia) in oscillatori, ove ogni gradino avrebbe il valore "$h\nu$", con $h$ = costante di Planck, (già valutata $6,55 \cdot 10^{-27}$ erg·sec; oggi: $6,626176 \cdot 10^{-34}$ Joule·sec) "$\nu$" = frequenza dell'oscillatore. (valore energia: $n h \nu$) con $n$ = numero dei gradini. E la conseguente distribuzione nell'ipotetico "corpo nero".

Per intervallo di tempo possiamo considerare quanto abbiamo già esposto sul pendolo circolare, cioè l'altezza "$h$" del cono descritto dal filo che è indipendente dalla lunghezza del filo e dal peso applicato:

$$\omega^2 = \frac{g}{h} \quad ; \quad \frac{T}{2\pi} = \sqrt{\frac{h}{g}} \quad ; \quad T = 2\pi \sqrt{\frac{h}{g}}$$

$\omega$ = velocità angolare = rad/sec $\qquad$ $T$ = periodo = sec/ciclo

E qui notevole la definizione di potenza che moltiplicata per un intervallo di tempo dà un quoto di energia.

In elettrotecnica la potenza di un Watt, moltiplicata per un secondo dà un Joule.

Ma: (Watt) = (Volt)·(Amper) = (Volt)·(Coulomb)/(sec)

perciò: $\dfrac{Joule}{Coulomb}$ = Volt = Energia dell'unità di carica

Amper = Coulomb/sec. = portata di cariche.
detta comunemente intensità di corrente.

L'energia potenziale è un lavoro o quoto di energia vincolata che per estrinsecarsi impie= ga un certo tempo. La potenza di un quoto di energia potenziale è il rapporto fra il quantitativo di energia accumulata ed il tempo necessario a svincolarsi, o trasformarsi. Quindi la potenza è un elemento caratteristico dei congegni che ne permettono la trasformazio= ne. (in genere motori o generatori).

Per rilevare la potenza di un quoto di energia potenziale (cioè un quantitativo li= mitato che si esaurisce liberandosi) possiamo pen sare ad un recipiente cilindrico pieno di acqua, a seconda che sul fondo vi sia un piccolo foro, o addirittura il fondo si apra di colpo, il tempo per svuotare il contenitore cilindrico: $t = \frac{A}{F}\sqrt{\frac{2h}{g}}$ è il tempo che divide l'energia potenziale gravitazio: nale: $E = \frac{P_s h^2 A}{2}$, ove $P_s$= peso specifico del fluido h = altezza dell'acqua, A = Area della sezione cilindrica, F = area del foro, g = accelerazione di gravità.

si vedé meglio se pensiamo di dover sollevare 75 Kg all'alterza di un metro, con un motore della potenza di un cavallo (un CV = $=$ cavallo vapore $= 75 \frac{Kg \cdot m}{sec}$; nei paesi di lingua inglese si usa : HP $=$ Horse-Power $= 746$ Watt $= 76,04 \frac{Kg \cdot m}{sec}$) il nostro motore impiegherà un secondo a sollevare 75 Kg all'alterza di un metro. Se lo stesso lavoro volessimo utilizzare un comune motore da rasoio elettrico $\approx 7,5$ Watt $= 0,765$ impiegheremmo 2100 sec teorici perché la coppia deve essere demoltiplicata con sistemi di ingranaggi che per attrito assorbirebbero quasi l'intera potenza del motorino.

Occorre fare diverse osservazioni:

1) Nel recipiente da vuotare, la spinta ad uscire diminuisce con l'alterza del livello del liquido, mentre la spinta dei motori, (coppia sull'albero) rimane costante perché l'energia viene assorbita all'esterno.

2) Analogo il problema dell'energia elastica un elastico per sollevare un peso si allunga di una certa lunghezza dipendente dal peso e dallo stato dell'elastico. cioè l'elastico inizia a sollevare il peso

quando ha accumulato in se l'energia elastica sufficiente a produrre una azione che equilibra il peso. Tale azione cresce al crescere della deformazione e, come termine di comodo, è stata chiama ta forza.

Supponiamo di avere un elastico che al più può sostenere 1 Kg e con esso di voler solle = vare i 75 Kg all'altezza di un metro, ciò è possibile con una leva in cui il rapporto dei bracci sia minore di $\frac{1}{75}$ e di disporre di un elastico così lungo che sia capace di accumu = lare l'energia di 75 Kg più quella necessaria alla iniziale deformazione per produrre l'azione equilibrante, che viene restituita se il peso, una volta sollevato, non è più sostenuto dal l'elastico. Ma tutti i corpi sono elastici, sia quello che sosteneva il peso in basso, sia quello che sosterrà il peso in alto. Supponiamo che gli attacchi al peso siano puntiformi (carico concentrato) l'energia elastica accumulata per il sostegno $\frac{Ph}{2}$ ove h è lo spostamento del punto di sostegno (deformazione elastica)

Se la struttura è astiforme sappiamo che:

$$h = \Delta l = \frac{Nl}{EA} = \boxed{h = \frac{P}{EA/l}} \; ; \; \text{poste le caratteri-}$$

stiche dell'asta: $\left(\dfrac{EA}{l}\right) = w = $ rigidezza a sforzo normale

$$\boxed{h = \frac{P}{2w}}$$

quindi l'energia elastica accumulata da $P$ :

Lavoro elastico = $\boxed{L = \dfrac{Ph}{2} = \dfrac{P^2}{2w}}$

Noi cerchiamo di "vedere" come "nasce" in un corpo l'azione equilibratrice.

Un corpo, sotto l'azione di un peso, si deforma finché la deformazione ha accumulato una energia interna potenziale capace di equilibrare il peso stesso. $L = \dfrac{P^2 l}{2EA}$ :

la variazione infinitesima: $d\Delta l = \left(\dfrac{l}{EA}\right)dP$ ; $dL = \left(\dfrac{l}{EA}\right)PdP$

ove integrando ritroviamo: $L = \dfrac{P^2 l}{2EA}$ da cui :

$$P = \sqrt{2\frac{2EA}{l}} = \sqrt{2Lw}$$

Quindi l'azione disponibile è la radice quadrata di 2 volte il prodotto fra l'energia elastica potenziale e la rigidezza a sforzo normale, ciò vale per le strutture astiformi trascurando le contrazioni trasversali.

Per i fluidi: $pv = RT$ (Boyle) ove la pressione $p$ moltiplicata per un'area dà una azione,

## Le Forze

Cerchiamo di fissare i capisaldi della discussione su ciò che comunemente viene chiamata forza. ("Azione sui vincoli di energia potenziale elastica")

1) La forza F applicata ad un corpo lo trasla sulla sua retta di azione, e lo ruota se la sua retta di azione non passa per il baricentro del corpo.

2) Il moto implica un rapporto spazio/tempo

$$\frac{F}{m} = a = \text{accelerazione} \left( \frac{\text{lunghezza}}{(\text{tempo})} \cdot \frac{1}{\text{tempo}} \right)$$

ove m è la massa del corpo.

ma:

$$\boxed{F = \frac{m_1 \cdot m_2}{d^2}}$$

Nel punto 1) abbiamo applicato ad un corpo un qualcosa chiamato "forza", senza sapere cos'è.

La domanda è:

"Cosa avete applicato?"

— Un qualcosa che fa muovere il corpo.

Pensiamo di aver legato il corpo con una fune, all'altro estremo della fune, vi sarà un qualcosa che tira la fune stessa.

Questo qualcosa può essere un uomo, un cavallo, una macchina; può essere il vento su una vela, può essere l'azione attrattiva (o repulsiva) di entità capaci di tali azioni.

Da tutto ciò emerge che "le forze" in se non esistono, esistono invece elementi capaci di compiere azioni, molto impropriamente chiamate forze.

Sono chiamate forze, sia quelle azioni che provocano il movimento di un corpo, sia quelle azioni che impediscono il movimento di un corpo.

Si pensi al tiro alla fune, che resta ferma se le azioni delle due parti concorrenti si equivalgono.

Ma la fune (poco o molto) si è deformata. non solo, ma l'azione, per trasmettersi attraverso un corpo elastico, impiega un certo tempo.

Un corpo di massa "m", in moto, con velocità "v" dispone dell'energia cinetica $E_c = \frac{1}{2}mv^2$, e, per la legge d'inerzia, mantiene il suo stato di quiete o di moto, se non intervengono azioni dall'esterno. (l'attrito con l'aria è già una azione dall'esterno, altra azione la gravità)

# La trasmissione delle azioni dette forze.

Consideriamo quelle molle elicoidali, con rigidezza molto bassa, e sono un gioco per bambini, perché messe le spire estreme su due gradini consecutivi, lasciata la molla discende tutta la scala, gradino per gradino.

Ma il fatto più interessante è porre, tale molla, in verticale appoggiata su un piano, se cerchiamo di sollevarla prendendo la spira più alta notiamo che finché la nostra azione non é pari al peso della molla, solo poche spire si muovono quelle che poggiano sul piano restano inalterate .... Ma allora, (in questo caso) l'azione di sollevamento interessa solo le spire che col proprio peso bilanciano l'azione.

Attenzione però a non lasciarsi ingannare da deduzioni troppo semplicistiche.

L'azione esterna P si attenua scendendo lungo la molla; noteremo che anche i passi fra le spire sono più deformati quelli vicino a P.

Se consideriamo la molla con le spire estreme poggiate sui due gradini consecutivi, notiamo che per portare la spira superiore ribaltata allo stesso livello di quella inferiore (già appoggiata), prima solleviamo la spira superiore ruotandola intorno ad un ideale asse orizzontale, quando l'angolo di rotazione ha raggiunto $180° = \pi$ rad., cioè si è ribaltata, esistono spire intermedie ruotate di angoli maggiori di zero e minori di $180°$, queste spire elasticamente sono richiamate da entrambi le parti di molla. Ma, se nel muovere la spira superiore, abbiamo attribuito un certo quoto di energia cinetica, queste spire intermedie si muoveranno nel verso di moto che gli abbiamo trasmesso, richiamando elasticamente altre spire e loro adagiandosi sulla seconda parte di molla. Se la seconda parte di molla è sul gradino inferiore, interviene anche il peso delle spire, il moto si accelera tanto che le ultime spire della prima parte, per elasticità sarebbero richiamate a ribaltare sulla seconda parte di molla, ma l'energia cinetica di cui dispongono, le fa continuare la rotazione fino a 360° e fa anche incli= nare la molla nel verso del moto. Quando le ultime spire hanno subito il doppio ri= baltamento si trovano sopra un gradino ancora più basso, e, per gravità vanno su di esso, richiamando le spire adiacenti, ed il moto continua fino al fondo scala, e tal volta fanno ancora un passo o due sul pavimento piano di fondo scala, per esaurire in attriti l'energia cinetica accumulata.

Abbiamo scelto questo "gioco", perché ci sembra che le azioni energetiche (forze) dovute all'energia cinetica, all'energia elastica, all'energia gravitazionale, rendano l'idea, in modo abbastanza si= gnificativo, di cosa intendiamo per "forze".

Nel fare calcoli pratici sulle molle elicoidali, e bene ricordare che le eliche possono essere:

destrogire = orarie = sinistrorse.     oppure: sinistrogire = antiorarie = destrorse.

Consideriamo una molla elicoidale cilindrica,
di sezione rettangolare: "b", "h", e raggio "c" medio,

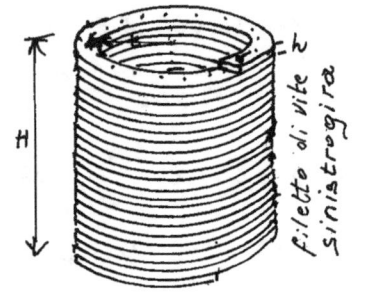

"n" è il numero delle spire,

$m \cdot h = H$ è l'altezza del cilindro
con spire a contatto.

Se $\gamma$ è il peso specifico,

$2 c \pi b h \gamma \cong$ peso di una spira,

(per h piccolo). Se la spira più alta ha l'estremo
collegato con l'asse del cilindro, sollevando

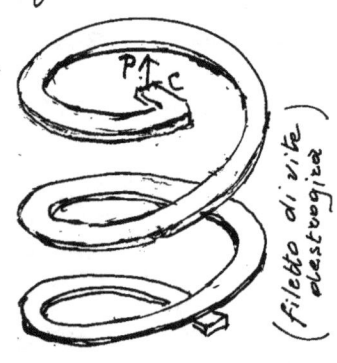

(filetto di vite destrogira)

con intensità $P$ in $C$, si
ha un momento torcente
nella spira pari a $P \cdot c = M_t$,
l'azione di $P$, da cosa è equilibrata?
Per il calcolo delle eliche vedi:

"O. Belluzzi - Scienza delle Costruzioni - Vol II pag 525 e seg"
che riporta anche le formule per le travi elicoidali
pubblicate da O. Zanaboni sulla rivista il "Cemento
Armato" 1939 - n° 2.

Noi cercheremo di chiarirci le idee con semplici
ragionamenti.

Sappiamo che sviluppando il cilindro su
cui giace l'elica si ha un triangolo rettangolo,
l'altezza è il n° dei passi, la base il n° delle
circonferenze e l'ipotenusa la lunghezza
della curva elicoidale. (svolgete un triangolo rettangolo)

L'azione di P è un taglio per sezioni verticali, se $\ell$ è la distanza dell'elementino $d\ell$ dall'estremo, su tale elementino agirà l'azione verticale di P diminuita del peso delle spire per una lunghezza "$\ell$", ma diminuita anche dalla azione elastica di richiamo.

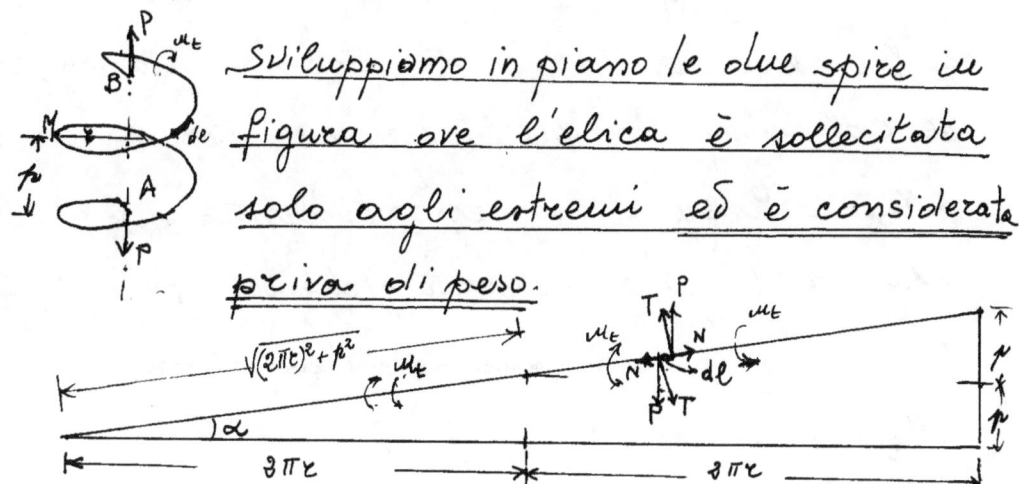

Sviluppiamo in piano le due spire in figura ove l'elica è sollecitata solo agli estremi ed è considerata priva di peso.

$$T = P\cos\alpha \;\; ; \;\; N = +P\,sen\,\alpha \;\; ; \;\; M_t = -P\,r\cos\alpha \; ; \left(\begin{array}{c}\text{svitamento vite}\\ \text{destrogira}\end{array}\right)$$

ove "$\alpha$" è la pendenza degli elementi "$d\ell$" dell'elica.

Su un piano verticale passante per la retta di P, (asse del cilindro dell'elica) scomponiamo P secondo le direzioni variate di $(\alpha)$ e $(90°-\alpha)$ la normale $\tau$ a tale piano incontra il centro faccia delle sezioni normali all'elica, cioè la sezione ove si verificano T ed N paralleli a quelli ottenuti dalla scomposizione di P, e notiamo che $T\cdot r = M_t$, provoca il momento torcente nella sezione, mentre $N \cdot \tau$ provoca un momento flettente ruotante sulla retta di $T$.

Se con $x, y, z$; indichiamo gli assi della sezione normale dell'elica (variabili da sezione a sezione) ove "$x$" è la normale alla sezione, cioè retta di $N$; "$y$" è la retta di $T$; e "$z$" normale ad $xy$ coincide col raggio di quella sezione. Perciò avremo:

$$M_x = \tau P \cos \alpha = \text{momento torcente} = (M_t)$$

$$M_y = \tau P \text{ sen} \alpha = \text{momento flettente (per molle tese}$$
$$\text{tende le fibre interne)}$$

$$M_z = 0 =$$

Il fatto che allungando la molla per effetto di $P$ si veda ridurre il raggio in contrasto con $M_y$, e che apparirebbe inflettere l'elica tendendo le fibre interne; e la freccia verso l'alto che farebbe ritenere tese le fibre inferiori e quindi non nullo $M_z$.

In effetti lo sforzo normale che, per molle tese, tende ad allungarne lo sviluppo, ha $\Delta l$ così piccoli che sono trascurabili rispetto alle deformazioni dovute ai momenti, pure trascurabili sono le deformazioni dovute al taglio.

Tenuto conto che $M_x = (M_t)$ ed $M_y$ sono costanti

in tutte le sezioni dell'elica, (che abbiamo con=
siderato priva di peso e di altre azioni escluso $P$)
avremo che ogni elemento "$dl$" di elica è soggetto
alle stesse sollecitazioni sulle sezioni estreme.
Ogni elemento "$dl$" inclinato, (se la molla elicoi=
dale destrogira è tesa) è soggetto, sulle sezioni
che lo delimitano, ad un momento torcente
tale che gira come lo svitamento della vite
destrogira; perciò l'elemento "$dl$", adiacente
la sezione più alta, tenderà ad alzarsi; e
l'elemento $dl$, adiacente la sezione più bas=
sa, tenderà ad abbassarsi. Abbiamo cercato
di riprodurre in figura il ra=
gionamento, ove i versi di $M_t$ sono
quelli che gli elementi adiacenti trasmettono a
$dl$. Cioè l'allungamento del cilindro eli=
coidale è dovuto alla torsione, no al
la flessione ($N$ e $T$ trascurabili). Per $N$ tra=
scurabile facendo una trazione tale,
da portare l'elica cilindrica alla
stessa lunghezza "$l$" dell'elica, si ottene
un solido alto $l$, che per effetto di $dM_t$, le
sezioni terminali hanno ruotato l'una rispetto

all'altra, di tanti "giri", quante erano le spire dell'elica.

Ciò vuol dire che, tenendo fissa una estremità dell'elica, e sollevando, (con P), l'altra metà, si ha un immagazzinamento dell'energia elastica; se pensiamo di aver applicato "P" gradualmente (per evitare energia cinetica) il lavoro $L_e = \frac{Ph}{2}$, con "h" = spostamento degli estremi dell'elica.

Sappiamo che la lunghezza di una spira di raggio $r$ e passo $p$, è data: $l_s = \sqrt{(2\pi r)^2 + p^2}$.

Se $g$ è il fattore torsione (dipendente solo dalla forma della sezione) l'angolo di rotazione relativa fra due sezioni, distanti $l$ in un solido prismatico è dato da:

$$\theta = g \frac{M_t \, l}{G J_p}$$

Il lavoro elastico $L_e = g \frac{M_t^2 \, l}{2 G J_p}$.

uguagliando i lavori:

$$g \frac{(P r)^2 \, l}{2 G J_p} = \frac{Ph}{2}$$

cioè: $\dfrac{P}{h} = \dfrac{G J_p}{g \, l \, r^2} = $ costante della molla.

# Energia - Lavoro - "forze"

Il "Lavoro" è quell'azione che trasforma un quoto di energia potenziale in un altro quoto di energia potenziale.

L'energia non si crea, né si distrugge, ma può trasformarsi in forme diverse, per esempio: termica, meccanica, gravitazionale, elastica, elettrica, atomica, chimica, cinetica, ecc.

Per sollevare un peso "P" all'altezza "h" è stato speso il lavoro: $L = Ph$ ove $Ph$ è anche l'energia potenziale gravitazionale ove $F = mg = P$ è l'azione che si deve esercitare per conservare l'energia potenziale, ed evitare che il peso ricada.

Ma in ogni punto dell'altezza "h" è stata necessaria l'azione statica $F = P$, però è occorso qualcosa di più cioè lo "spostamento" cioè il lavoro che avrà attinto ad altra forma energetica, l'incremento di energia potenziale gravitazionale "Ph".

Può essere un motore elettrico, può essere un motore termico, può essere lavoro umano, in ogni caso una parte

dell'energia spesa, si disperde in calore, e solo una parte compie il lavoro "Ph"; cioè ogni motore ha un rendimento minore del 100%.
Partendo da unità convenzionali si sono confrontate varie unità energetiche:
Joule = Watt·sec ; Cal = Kilocaloria ; Kg·m ; KWh ; R = costante dei gas, riferita alla grammomolecola.

|  | Joule | Cal | Kgm. | KWh | R |
|---|---|---|---|---|---|
| Joule | 1 | $2,38 \cdot 10^{-4}$ | 0,10203 | $2,7778 \cdot 10^{-7}$ | $1,2029 \cdot 10^{-8}$ |
| Cal | 4186 | 1 | 427 | $1,162 \cdot 10^{-3}$ | 503,5 |
| Kgm. | 9,801 | $2,342 \cdot 10^{-3}$ | 1 | $2,722 \cdot 10^{-6}$ | 1,179 |
| KWh | 3600 | 860 | $3,67 \cdot 10^{5}$ | 1 | $4,33 \cdot 10^{5}$ |
| R | 8,309 | $1,986 \cdot 10^{-3}$ | $8,48 \cdot 10^{-1}$ | $2,309 \cdot 10^{-6}$ | 1 |

consideriamo un fluido entro un cilindro chiuso da un pistone che sostiene un peso: P.
   Se A è l'area del pistone $P/A = p =$ pressione del fluido, $v$ = volume (dell'unità di massa) vale la legge di Boyle : $pv = RT$ con $T$ = temperatura assoluta.
Somministrando calore in genere si provoca

una dilatazione del fluido che farà sollevare $P$ di "$dh$"; $A(dh) = (dV)$ è l'incremento di volume, $P.(dh) = pA(dh) = p(dV)$ il lavoro compiuto

Però se riportiamo, su due assi cartesiani i valori di $p.$ e di $v$, ove (essendo costante $R$) $pv$, sono isoterme che insistono su iperboli equilatere.

Sono isobare, le trasformazioni a $p = cost$; isocore a $v = cost.$ adiabatiche o isoentropiche quando non v'è scambio di calore (energia termica) con l'esterno. isodinamica quando l'energia interna $U$ rimane costante, cioè il calore $Q$ dato dall'esterno equivale al lavoro $L$ compiuto all'esterno, se $A$ è il rapporto: $Q = AL$.

Il fluido può passare dalla situazione nel punto 1 alla situazione nel punto 2 in infiniti modi diversi ed in altrettanti diversi da 2 può tornare in 1. L'area della zona delimitata da $\vec{12}$ e $\vec{21}$ è il lavoro compiuto cioè essendo tornato in 1 non può aver restituito tutto $Q$ cioè il differenziale calore non è un differenziale esatto.

Abbiamo scelto l'esempio di un fluido per cercare di determinare l'energia interna che, in questo caso è indicata con $U$ e dipende solo dalla temperatura.

Ma a quella temperatura, la pressione del fluido, per il volume è ancora energia che moltiplicata per l'equivalente termico $A$ diventa espressa in unità di calore.

Si ha così il <u>calore totale</u> o <u>entalpia</u> $= I$
con :

$$\boxed{I = U + ApV}$$

Consideriamo gli scambi di energia termica (calorie) impropriamente chiamate quantità di calore $(Q)$.

$$\boxed{dQ = dI - AVdp}$$

$$\boxed{dQ = dU + Apdv}$$

differenziando $I$ si ha:

$$dI = dU + A\,d(pv)$$

$$dI = dU + A(pdv + vdp)$$

Avremo: per le <u>isobare</u> : $Q = I_2 - I_1$ ; $(dp = 0)$

" " <u>isocore</u> : $dQ = dU$ ; $(dv = 0)$

" " <u>adiabatiche</u> : $A\cdot L = (U_1 - U_2)$ ; $\left(\begin{smallmatrix}\text{lavoro}\\\text{esterno}\end{smallmatrix} = A\cdot L\right)$

" " <u>isodinamiche</u> : $Q = A\cdot L$ ; $(I° \text{ principio})$

## Scale termometriche

Lo stato termico di un corpo è determina=
to dalla sua temperatura, ed un corpo più
caldo cede energia termica (calore) ad
un corpo più freddo e non inversamente
(secondo principio della termodinamica, o
principio dell'impossibilità). (Il primo
principio detto anche dell'equivalenza
determina il rapporto fra lavoro meccanico ed
energia termica (Q)= quantità di calore; nonché
la costituzione dell'energia interna.

Per quanto concerne la "misura" della
temperatura, anziché scegliere una unità
di confronto, (come per le altre grandezze
fisiche), fu scelta: "una scala delle tempe
rature". cercando di fissare due stati
termici inequivocabili e dividendo quel
sotto termico in un certo numero di parti.

Nacquero così la scala "Celsius" ove lo zero
è il punto termico del ghiaccio fondente, e l'ebol
lizione dell'acqua assunto come cento gradi
con intervallo diviso in cento parti.

La scala "Réaumur" che ha lo zero coinci=
dente con la "celsius" ma l'ebollizione è

fissata ad 80° gradi e l'intervallo diviso in 80 parti.

La scala "Fahrenheit" pone invece 32° la temperatura del ghiaccio fondente, e 212 la temperatura di ebollizione dell'acqua: l'intervallo (212°− 32°) = 180° lo divide in 180 parti. $\left(\dfrac{C}{100} = \dfrac{R}{80} = \dfrac{F-32}{180}\right)$

Riportiamo il confronto delle tre scale.

C — scala Celsius
100° — 90° — 80° — 70° — 60° — 50° — 40° — 30° — 20° — 10° — 0° — −10° — −17°,778

R — scala Réaumur
80° — 70° — 60° — 50° — 40° — 30° — 20° — 10° — 0° — −10° — −14°,222

F — scala Fahrenheit
212 — 210 — 200 — 190 — 180° — 170° — 160° — 150° — 140° — 130° — 120° — 110° — 100° — 90° — 80° — 70° — 60° — 50° — 40 — 32° — 30° — 20° — 10° — 0

Peró i cosiddetti punti fissi della temperatura in effetti debbono essere precisati con una molteplicità di altre condizioni, per esempio l'acqua in montagna bolle prima che al mare. Cioé la pressione influenza il punto di ebollizione. Intendendo per ebollizione il passaggio dallo stato liquido allo stato gassoso, si ha "evaporazione" per salto termico con la temperatura esterna, inoltre l'acqua distillata e la stessa forma del recipiente possono influenzare. Per la pressione é convenuto che sia di una atmosfera fisica cioé: 1,0333 Kg/cm².

Poiché sperimentalmente é accertato che un solido per passare allo stato liquido, mantiene costante la temperatura assorbendo una quantità di energia termica (calore di liquefazione); inversamente lo cede per solidificarsi. Analogamente un liquido per passare allo stato gassoso assorbe a temperatura costante il calore di vaporizzazione. Da ció la scelta per le scale termometriche; da ció la caloria, come misura della quantità di calore, (energia termica) per far passare la temperatura di un Kg d'acqua distillata da 14,5 a 15,5 gradi Celsius. (cioè l'aumento di un grado Celsius) questa è detta più precisamente Kilocaloria: (Kcal = Cal); chiamano caloria una quantità di energia termica mille volte più piccola, (in disuso). detta piccola caloria. (cal)

Il secondo principio della termodinamica nella forma del postulato di Kelvin dice:

"<u>È impossibile che l'unico risultato di una trasformazione termica sia quello di convertire in lavoro il calore sottratto ad una unica sorgente</u>".

Il che vuol dire che il calore prodotto da una sorgente, <u>solo in parte</u>, si trasforma in lavoro, la restante parte sarà assorbita da un'altra sorgente. (Occorre un salto termico, come occorre una differenza di potenziale in campo elettrico)

Questo implica un rendimento:

$$\varepsilon = \frac{AL}{Q}$$

## Il termometro a gas

Torniamo al nostro cilindro chiuso da un pistone che sostiene il peso P, ove il fluido sia un gas (perfetto); fermo restando P e la pressione esterna, il gas ha trasformazioni isobare, se "V" è il volume del gas alla temperatura t°c. e "$V_0$" il volume a $0°C$, se il volume specifico è sufficientemente grande (gas perfetto) $V/V_0$ è praticamente funzione solo della temperatura, indipendentemente dalla natura e massa del gas. Con ciò abbiamo definito un apparecchio che opportunamente tarato sui volumi determina la temperatura ($V_0$ = cost.)

$$\frac{d\left(V/V_0\right)}{dt} = \alpha. \qquad \text{da cui:} (\alpha = \text{cost}) \quad \frac{V}{V_0} = \text{cost} + \alpha t$$

ma quando $V = V_0$ la cost. = 1 perciò:

$$V = V_0 (1 + \alpha t) \qquad \text{(Legge di GayLussac)}$$

se consideriamo i volumi $V_1$ e $V_2$ occupati (a p = cost) alle temperature $t_1$ e $t_2$. $\quad \dfrac{V_2}{V_1} = \dfrac{1 + \alpha t_2}{1 + \alpha t_1} = \dfrac{1/\alpha + t_2}{1/\alpha + t_1}$

ma V rappresentava una temperatura, nel rapporto si è eliminato $V_0$ potremo: $\dfrac{V_2}{V_1} = \dfrac{T_2}{T_1}$

cioè: $\boxed{T = \dfrac{1}{\alpha} + t.}$, ma t variava fra $0°$ e $100°C$.

Sperimentalmente $\frac{1}{\alpha} \cong 273$ perciò i punti fissi della temperatura Celsius diventano 273 e 373 in questa nuova temperatura detta <u>assoluta</u>.

Se $Q_1$ è il calore fornito e $Q_2$ il calore ce=
duto : $Q_1 - Q_2 = AL$ , perciò :

$$\varepsilon = \frac{Q_1 - Q_2}{Q_1} = (\text{rendimento})$$

Se le temperature delle sorgenti con le quali
viene scambiato il calore, hanno temperature
$\tau_1$ e $\tau_2$ , e $\quad \dfrac{\tau_1}{\tau_2} = \dfrac{Q_1}{Q_2}$ ; $\quad \dfrac{Q_1}{\tau_1} = \dfrac{Q_2}{\tau_2}$

$$\boxed{\varepsilon = \frac{\tau_1 - \tau_2}{\tau_1}}$$

## Il ciclo di Carnot.

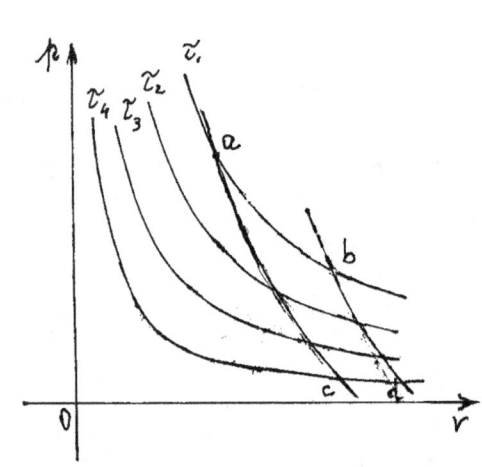

Dati quattro punti
$a, b, c, d$ ; ove :
$\overset{\frown}{ab}$ e $\overset{\frown}{cd}$ ; sono isoterme
$\overset{\frown}{ac}$ e $\overset{\frown}{bd}$ ; adiabatiche.
Il percorso chiuso,
fra due isoterme e
due adiabatiche è
detto : " Ciclo di Carnot ".

Se il fluido agisce fra le temperature $\tau_1$ e $\tau_2$
e scambia calore lungo le isoterme, l'area
delimitata dal ciclo è ancora il lavoro
esterno, ed il rendimento $\varepsilon = \dfrac{\tau_1 - \tau_2}{\tau_1}$ .

# Scala termodinamica della temperatura

Detta anche scala Kelvin dovuta a W. Thomson, (Lord Kelvin). (Si indicherà con la T maiuscola)

Consideriamo, (come si è già accennato) che le isoterme del ciclo di Carnot siano tali

$$\frac{Q_1}{Q_2} = \frac{\tau_1}{\tau_2} = \frac{K\tau_1'}{K\tau_2'} \; > \; \tau_1 = K\tau_1' \text{ indefinita dal solo}$$

rapporto $K$; se poniamo la differenza 100 fra la $\tau$ del ghiaccio fondente e la $\tau$ dell'ebollizione (alla pressione di una atmosfera) la nuova scala risulta determinata.

Consideriamo che gli intervalli delle isoterme siano:

$$\tau_1 - \tau_2 = \tau_2 - \tau_3 = \tau_3 - \tau_4 = \cdots$$

Consideriamo una serie di macchine termiche funzionanti secondo i cicli di Carnot fra due isoterme consecutive, cioè la I^ª macchina riceve il calore $Q_1$ alla temperatura $\tau_1$ e cede alla seconda macchina il calore $Q_2$ alla temperatura $\tau_2$, la II^ª macchina che funziona fra $\tau_2$ e $\tau_3$ preso $Q_2$ cede $Q_3$ alla terza macchina alla temperatura $\tau_3$ ... e così via.
Ma dalla condizione:

$$\frac{Q_1}{\tau_1} = \frac{Q_2}{\tau_2} > \frac{Q_3}{\tau_3} = \cdots$$

si ha che i lavori compiuti dai cicli delle
singole macchine, sono uguali

$$Q_1 \frac{\tau_1 - \tau_2}{\tau_1} = Q_2 \frac{\tau_2 - \tau_3}{\tau_2} = Q_3 \frac{\tau_3 - \tau_4}{\tau_3} = \ldots$$

e se il ciclo di una macchina fosse fra
le temperature $\tau_1$ e $\tau_0$

$$AL = Q_1 - Q_0 = Q_1 \frac{\tau_1 - \tau_0}{\tau_1}$$

Se fosse $\tau_0 = 0$; $AL = Q_1$, contro il secondo
principio nel postulato di Lord Kelvin che
si avrebbe come unico risultato della trasfor=
mazione la produzione di lavoro sottraendo
calore ad una unica sorgente.

Ciò implica che nella scala termodinamica
esiste un $\tau_0 = ($ uno zero assoluto) che non
si può raggiungere e tanto meno oltrepas=
sare.

La scala termodinamica e la scala
assoluta del termometro a gas coincidono
avendo in comune l'intervallo fra 0° e 100° Celsius
diviso in cento parti ed il limite inferiore
a = −273.°C per lo zero assoluto. Ove il gas
deve essere un "ideale" gas perfetto.

# Campi magnetici

Consideriamo una comune calamita, e
riflettiamo un momento domandandoci:
"Cos'è che passa attraverso l'aria, tanto da
generare una azione di sollevamento o attra
zione di pezzetti di ferro?"
Se interponiamo un foglio di carta (anche
impermeabile) l'azione passa ugualmente.
Anche se interponiamo una lastra di plastica
l'azione passa ugualmente, quindi l'azione
magnetica passa attraverso qualsiasi ma
teriale cosiddetto isolante (stoffa ed altro).
Per i metalli si distinguono in due tipi:
quelli che vengono attratti, (e sono detti
ferromagnetici) come il ferro, la ghisa, l'acciaio
io, il nichel .. ecc. L'altro tipo di metalli
(detti · non ferro magnetici) che non vengono
attratti: L'azione magnetica passa attra
verso tutti. Se interponiamo una lastra
di rame, o di alluminio, o di qualsiasi
metallo non ferro-magnetico, l'azione della
calamita passa. Se interponiamo metalli
ferromagnetici essi stessi si magnetizzano e agi
scono come nuove calamite, facendo una catena.

Se prendiamo due calamite astiformi (come l'ago delle bussole) e le poniamo su una lastra di sughero a galleggiare sull'acqua notiamo che un loro estremo andrà verso il nord terrestre, segnamo con una $N_{(+)}$ l'estremo che si dirigeva verso nord (e con una $S_{(-)}$ l'altro estremo che si dirigeva verso sud.)

Vogliamo ora vedere l'azione mutua fra le due calamite. Il $N$ di una attrae molto vivacemente il $S$ dell'altra, ( poli opposti si attraggono), mentre i $N$ fra loro, ed i $S$ fra loro si respingono. (poli omonimi si respingono).

Ma allora l'azione non è soltanto attrattiva è anche repulsiva.
Le azioni attrattive - repulsive sono dette:
<u>forze pondero-motrici</u> esse si verificano:
<u>fra masse</u> (si conoscono solo le attrattive);
<u>fra cariche elettriche</u> positive e negative;
<u>fra poli magnetici.</u>
Se cerchiamo di "separare" i poli magnetici (come si separano le cariche elettriche $\pm$)

dividendo in due una calamita astiforme, si ottengono due nuove calamite astiformi (esperienza della calamita tagliata)

Cioè continuando a dividere fino a livello subatomico avremo dei magnetini elementari N·S detti magnetini di Barkhausen (dal nome del fisico tedesco 1881-1956). Questi magnetini nel ferro (e gli altri ferromagnetici) sarebbero disposti casual mente in tutte le direzioni come si trovavano all'atto della fusione (materiali non magnetizzati), ma strusciando, sempre nello stesso verso, uno stesso polo di una calamita (per esempio su un comune ago da cucire non magnetico) su materiali ferromagnetici, dopo pochi passaggi risulteranno magnetizzati e funzioneran no da calamite.

Volendo "vedere" questo flusso di azioni attrattive - repulsive emesse da una cala= mita (naturale o artificiale), basta spandere su un cartone della limatura di ferro, e quindi appoggiare il cartone su una calamita,

i singoli elementi di limatura diverranno
tante micro-calamite astiformi e ciascuna di
esse cercherà di unire il proprio N con l'S di
un elemento vicino (o il S col N), si formeran
no così delle lunghe file di elementini NSNSNS..
che sono dette <u>linee di forza</u> del campo
magnetico. Saranno più <u>dense</u> ove il
campo magnetico è più <u>intenso</u>. (Amper
propose di rappresentare l'intensità del campo
magnetico con la densità delle linee di forza)
L'attrito della limatura di ferro sul piano
di cartone, limita le linee di forza, ma
se con un lapis, o biro, o bacchettina, diamo dei pic
coli colpetti al cartone, la vibrazione fa diminuire
l'attrito e le linee di forza saranno molto più
nitide.

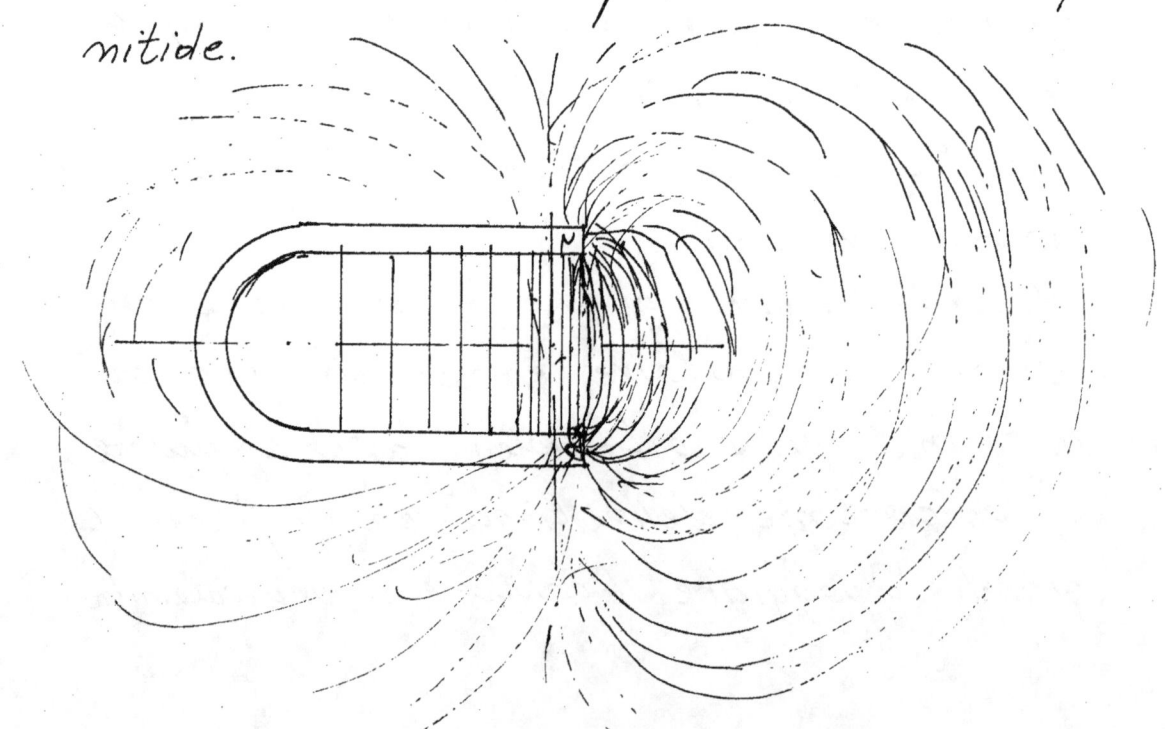

In figura abbiamo disegnato approssimativa=
mente le linee di forza di un magnete per
manente ad . Un magnete ad **U** può ot=
tenersi affiancando, con polarità opposte
i due magneti astiformi e collegando gli
estremi opposti con un terzo magnete asti=
forme o curvo : i poli opposti a contatto
staranno saldamente uniti.

Ma se noi affianchiamo i
nostri due magneti astiformi
con i poli omonimi affiancati e con la
limatura di ferro cerchiamo di visualiz=
zare le linee di forza.

Possiamo notare le azioni attrattive e
repulsive espresse dall'andamento delle
linee di forza :

Se fra i poli N-S affacciati, di una poten=
te calamita (o magnete permanente) introdu=
ciamo un pezzo di ferro dolce, le linee
di forza che inizialmente rettilinee congiun=
gevano i due poli, deviano, preferendo
passare attraverso il ferro dolce anziché
attraverso l'aria, anche se il percorso di=
venta più lungo. Interponendo un anello
cilindrico di ferro

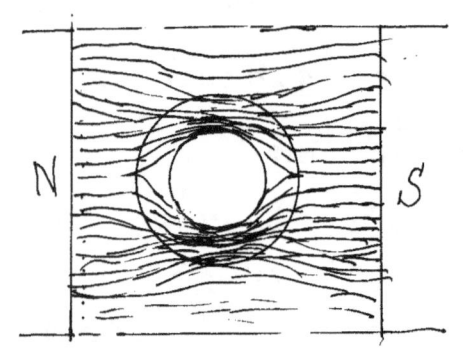

dolce, si nota che
all'interno dell'anel=
lo non passa alcuna
linea di forza, cioè
il ferro dolce opportunamente disposto può
fare da schermo ai campi magnetici.
La forza con cui due poli magnetici di inten=
sità $m_1$ ed $m_2$ si attraggono o si respingono, se=
gue la legge di Coulomb: $F = K \frac{(m_1)(m_2)}{d^2}$, ma dipende
anche dal mezzo interposto attraverso il
quale fluiscono le linee di forza, perciò
detta $\mu$ la permeabilità magnetica ed assun=
to un sistema di misure per cui sia $K = 1$,
avremo:

$$F = \frac{1}{\mu} \frac{m_1 m_2}{d^2}$$

Per misurare le forze pondero-motrici il Coulomb, usó la bilancia di torsione, (data la notevole sensibilità), peró è possibile "pesare" solo forze repulsive, perché l'azio ne contrastante dei pesi o della molla non è equilibrabile per forze attrattive che fi= nirebbero per unirsi.

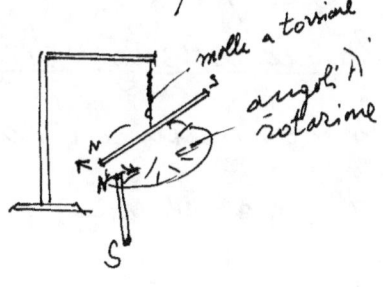 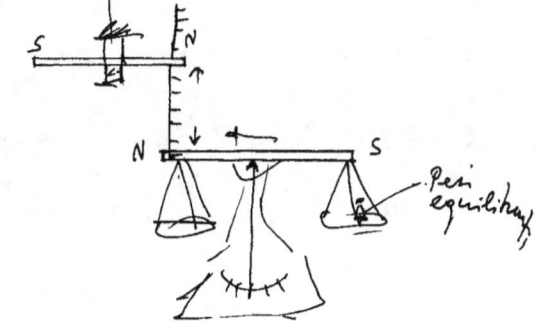

D'altra parte sappiamo che gli elementi ma gnetici sono sempre bipolari N-S cioé "dipoli" (due poli) e sappiamo che la intensità è "m" uguale nei due poli, quindi un polo P disposto affacciato al dipolo provocherá una  coppia di forze (una attrattiva ed una repulsiva) nel dipolo e se il dipolo è lungo $\ell$, diremo: "momento magne tico il prodotto: $(m.\ell)$ ove m è l'intensi tá di ciascun polo del dipolo.

Si noti che la permeabilità magnetica di una sostanza è data dal rapporto fra l'intensità del campo magnetico in quella sostanza e l'intensità del campo magnetico nel cosidetto vuoto cioè praticamente nell'aria.

L'esempio dell'anello di ferro dolce in cui si infittiscono le linee del campo magnetico ci dice che la _permeabilità magnetica_ nel ferro è molto maggiore di quella dell'aria.

Se indichiamo con I _la intensità di pola_= _rizzazione_ di un corpo immerso in un campo magnetico di intensità H avremo:

$$I = \chi H$$

ove $\chi$ è _la suscettività magnetica_ di volume del corpo. di densità $\delta = \frac{massa}{volume}$

la suscettività di massa ( o momento magnetico per unità di massa $\chi = \frac{x}{\delta}$.

abbiamo tre tipi di materiali

_ferromagnetici_  $\chi > 0$ molto grande ( ferro nichel ecc)

_paramagnetici_  $\chi > 0$ molto piccolo ( certi sali di ferro)

_diamagnetici_  $\chi < 0$ molto piccolo ( bismuto ed altri)

che presentano caratteristiche opposte.

I materiali _diamagnetici_ , per induzione, si magnetizzano dello stesso segno del polo inducente. (per esempio il bismuto)

Lasciamo per un attimo il magnetismo per fare un parallelo con l'induzione elettrostatica.

Consideriamo una pallina di materia, sospesa ad un filo isolante e scarica elettricamente.

Se a tale pallina avviciniamo un corpo carico elettricamente (per esempio di cariche positive) _per induzione_ la pallina si carica di segno opposto (nel caso negativo) e verrà attratta verso il polo inducente. Ma se verrà a _toccare_ il polo inducente, la pallina si caricherà dello stesso segno del polo e sarà respinta dal corpo inducente.

Poiché le polarità delle cariche elettriche sono separabili, notiamo che strofinando due corpi, uno si caricherà _positivamente_ (quello che nello strofinio ha perduto elettroni periferici.) L'altro si caricherà negativamente perché avrà una eccedenza di elettroni "fregati" (è il caso di dirlo) al primo

I fisici ancora raccontano che strofinando con un panno di lana, una lastra di vetro si ha elettricità <u>positiva</u> o vetrosa, mentre strofinando con un panno di lana una lastra di ambra si ha elettricità <u>negativa</u> o resinosa; ma spesso si dimenticano di dire che nel primo caso la lana asportando elettroni al vetro si è caricata negativamente, mentre nel secondo caso lo straccio di lana risulterà positivo perché ha ceduto all'ambra una parte dei suoi elettroni. (I miliardi di elettroni ceduti od acquisiti non provocano sensibili variazioni di massa dei corpi)

Tornando al magnetismo ove N e S non sono separabili e, pur attraendosi, finiscono per disporsi ai capi opposti della barra magnetizzata. Si ha che la barra può essere:

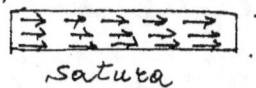

smagnetizzata     parialmente magn.     satura

Sappiamo che un campo magnetico H può essere generato elettricamente e che l'intensità di H è proporzionale alla intensità di corrente, punto per punto, cioè possiamo variare H.

Supponiamo di porre un corpo di suscettività magnetica $\chi$ , ma completamente smagnetizzato, cioè sia nulla la sua intensità di magnetizzazione I=0 nel nostro campo magnetico variabile H ed inizialmente sia H=0.

Presi due assi cartesiani, poniamo in ascisse l'intensità del campo H ; ed in ordinate l'intensità di magnetizzazione I . del corpo posto nel campo. Al crescere di H notiamo l'accrescersi della intensità di magnetizzazione I del corpo, fino a raggiungere la saturazione oltre la quale è inutile aumentare H , $I_{max}$ è la saturazione magnetica

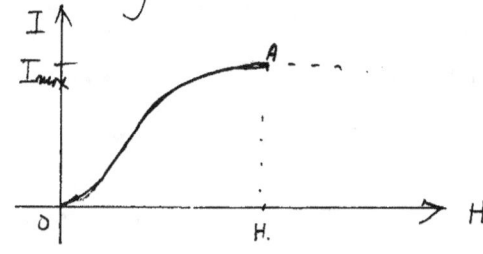

Se facciamo ora diminuire il campo H fino a ridurlo a zero la smagnetiz= zazione del corpo segue una linea diversa e quando H é tornato a zero, il corpo presenta la magnetizzazione residua R

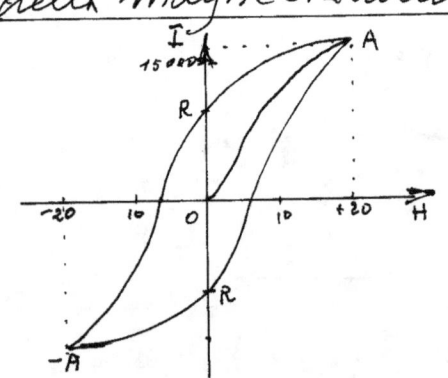

Tale magnetizzazione residua può essere vinta da una de= bole forza contraria che viene chiamata:

forza coercitiva OF la cui intensitá può essere presa come misura della stabilitá della magnetizzazione.

Ciclo d'isteresi

consideriamo ora un filo di acciaio in un campo magnetico variabile +H, -H, ove +H e -H sono le intensitá di campo sufficienti a provocare la saturazione della magnetizzazione nei due sensi.

il ciclo si ripete inde= finitamente, é detto ciclo di isteresi ove OR è il magnetismo residuo.

# Connessioni fra forme energetiche.

Dicesi _potenziale_ in un punto di un campo elettrico, _il lavoro necessario per portare la carica positiva unitaria da quel punto fino all'infinito, o praticamente fuori dal campo._

Questa definizione connette l'energia elettrica con l'energia meccanica, consideriamo il campo ge= nerato da Q cariche elettriche negative, ed in prossimità delle Q una carica elettrica positiva unitaria, nel punto "A", che sarebbe vivamente attratta dalle Q, se non fosse impedito avvicinarsi, anzi venga allontanata fino a "B". Via via che la carica viene allontana ta, l'attrazione, (forza attrattiva) diminuisce, ma lo spostamento di una "forza" è un lavoro, della stessa natura del sollevamento di un peso. Il lavoro compiuto sarà la differenza di potenziale : $(V_A - V_B)$. Se il potenziale è misurato in Volt, la carica positiva unitaria in Coulomb ed il lavoro in Joule, avremo:

Volt = Joule/coulomb  (che abbiamo trovato per altra via).

134

Ma allora, punto per punto, avremo il nostro potenziale, e vi saranno superfici equipotenziali, ove la carica elettrica può spostarsi senza dover compiere o ricevere lavoro.

La nostra d.d.p è fra due punti di un campo spaziale geometrico elettrizzato dalle cariche Q. Ma la d.d.p, anziché fra punti spaziali geometrici, si verifica anche fra materiali, si hanno così i potenziali elettrochimici dei vari elementi. Nasce così la serie elettrochimica degli elementi.

Poiché testi diversi trattano con diversa impostazione questo argomento, giungendo (circa) agli stessi valori assoluti, ma con segno opposto; noi preferiamo riportare quanto esposto dal Bruni : "Giuseppe Bruni"-"Chimica Generale e Inorganica - con appendice di elementi di chimica organica a cura di M.A. Rollier" - Libreria Editrice Politecnica Cesare Tamburini - Milano 1945. (che spiega il perché dei segni)

Utilizzando i seguenti simboli:
$E$ = differenza di potenziale fra un metallo e la soluzione di un suo sale. (in Volt)

R = costante dei gas      ( in    8,313 Volt-coulomb)

T = temperatura assoluta

n = valenza dello ione che si considera

F = valore unitario della legge di Faraday   (96.500 coulomb)

P = pressione elettrolitica di soluzione

p = pressione osmotica.

### Nernst propose la formula :

$$ E = \frac{RT}{nF} \, lu \left(\frac{P}{p}\right) $$

ove trasformando i logaritmi naturali in deci=
mali :   $lu = log / 0,43429448$

e considerando la temperatura $°C = 25$ per cui

$T = (273 + 25) = 298°_K.$ ,

avremo :

$$ E = \frac{(8,313) \cdot 298}{(0,43429448) \, n \, (96.500)} \, log\left(\frac{P}{p}\right) $$

$$ E = \frac{0,0591}{n} \, log\left(\frac{P}{p}\right) $$

Porre : $\left(\frac{P}{p}\right)$ come $\left(\frac{p}{P}\right)$ il logaritmo cambia solo il segno.

Il Bruni avverte che $\frac{p}{P}$ non può essere misurato

direttamente, ma viene ricavato dalla formula,

determinando sperimentalmente $E$.

Il potenziale è riferito all'elettrodo ad idrogeno, per cui $H_2$ il cui ione $H^+$ avrà il potenziale uguale a zero. Alla temperatura di 25°C cioè: $T = 298°K$, avremo la seguente serie elettrochimica degli ioni:

| Elemento | Ione | Potenziale a 25°C | Elemento | Ione | Potenziale a 25°C | Elemento | Ione | Potenziale a 25°C |
|---|---|---|---|---|---|---|---|---|
| Rb | $Rb^+$ | + 2,9 | Fe | $Fe^{++}$ | + 0,51 | Sb | $Sb^{3+}$ | − 0,10 |
| K | $K^+$ | + 2,9 | Cd | $Cd^{++}$ | + 0,40 | Bi | $Bi^{3+}$ | − 0,23 |
| Ba | $Ba^{++}$ | + 2,9 | Tl | $Tl^+$ | + 0,33 | As | $As^{3+}$ | − 0,30 |
| Na | $Na^+$ | + 2,7 | Co | $Co^{++}$ | + 0,29 | Cu | $Cu^{++}$ | − 0,35 |
| Mg | $Mg^{++}$ | + 2,4 | Ni | $Ni^{++}$ | + 0,25 | Hg | $Hg^{++}$ | − 0,86 |
| Al | $Al^{3+}$ | + 1,7 | Sn | $Sn^{++}$ | + 0,16 | Ag | $Ag^+$ | − 0,81 |
| Mn | $Mn^{++}$ | + 1,1 | Pb | $Pb^{++}$ | + 0,13 | Pt | $Pt^{4+}$ | − 0,86 |
| Zn | $Zn^{++}$ | + 0,76 | $H_2$ | $H^+$ | 0,00 | Au | $Au^+$ | − 1,5 |
| Cr | $Cr^{++}$ | + 0,56 | | | | | | |

Elementi che vanno in soluzione come anioni

| Elemento | Ione | Potenziale a 25°C | Elemento | Ione | Potenziale a 25°C | Elemento | Ione | Potenziale a 25°C |
|---|---|---|---|---|---|---|---|---|
| S | $S^{--}$ | + 0,51 | $I_2$ | $I^-$ | − 0,58 | $Cl_2$ | $Cl^-$ | − 1,36 |
| $O_2$ | $OH^-$ | − 0,4 | $Br_2$ | $Br^-$ | − 1,08 | $F_2$ | $F^-$ | − 2,8 |

Consideriamo gli elementi della pila classica, cioè Rame e Zinco e facciamo una esperienza;

Immergiamo in una vaschetta contenente acqua acidulata una laminetta di rame ed una di zinco, dalla parte emergente A e B colleghiamo un voltmetro V, si noterà che il voltmetro segna circa un volt.

Si nota che il polo positivo è il rame ed il polo negativo lo zinco ($Zn^{++} = +0,76$ ; $Cu^{++} = -0,35$

$$0,76 - (-0,35) = \qquad 1,11 \text{ Volt.})$$

Cerchiamo di capire i segni.

Sappiamo che gli atomi, nei metalli, possono considerarsi composti da nuclei con cariche positive stabili, e da elettroni con cariche negative, mobili, nel senso che possono scambiarsi di posto con gli atomi adiacenti.

Quindi un conduttore $\overline{AB}$ che riceve elettroni (cariche negative) in A le ricede in B,

in effetti quindi la corrente elettronica va da A a B; è stato però convenuto che la corrente elettrica vada dal polo positivo al negativo.

I segni $\oplus$ e $\ominus$ delle cariche elettriche derivano dalla triboelettricità, cioè l'elettricità

prodotta per strofinio con un panno di lana
su un vetro fu chiamata <u>positiva o retrosa</u>
su una resina fu chiamata <u>negativa o resinosa</u>
(abbiamo già detto come ciò avviene).

La pila bimetallica ($Zn + Cu$) è detta <u>pila
Daniell</u> si indica con la notazione:

$$Zn \mid ZnSO_4 \parallel CuSO_4 \mid Cu$$

è reversibile:

$$Zn + CuSO_4 \rightleftharpoons ZnSO_4 + Cu$$

la sua forza <u>elettromotrice</u>: (fem)

$$E = E_1 - E_2 = \frac{RT}{nF}\left(ln\left(\frac{P_1}{P_1'}\right) - ln\left(\frac{P_2}{P_2'}\right)\right)$$

(essendo $n$ uguale.) $\qquad = \frac{RT}{nF}\left[ln(P_1 P_2') - ln(P_2 P_1')\right]$

$$\boxed{E = \frac{RT}{nF} ln\left(\frac{P_1 P_2'}{P_2 P_1'}\right)}$$

Abbiamo introdotto un nuovo concetto: <u>F.e.m.</u>
che è la spinta (in questo caso chimica) a far muovere gli elettroni.

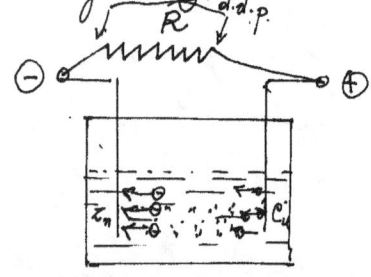

Gli elettroni che <u>nell'elettro-
lita</u> vanno da $Cu^{++}(-0,35)$
a $Z^{++}(+0,76)$ incontrano
una certa resistenza interna
che indichiamo con $\rho$, se <u>esternamente</u> chiudiamo
il circuito con una Resistenza $R$, il flusso di elettroni

ritorna al Cu con la stessa intensità $I$ di corrente elettrica. (la resistenza totale sarà: $(\rho + R)$)

Poiché per la legge di Hohm $(v = IR)$ estesa all'intero circuito diventa:

$$E = I(\rho + R) = I\rho + IR$$

$$\underset{\text{(forza elettromotrice)}}{E} = \underset{\substack{\text{Caduta di}\\\text{Potenziale}\\\text{interna}}}{(\rho I)} + \underset{\substack{\text{(d.d.p.) differenza}\\\text{di potenziale ai capi}\\\text{della resistenza di}\\\text{utilizzazione}}}{(IR)}$$

simbolo della pila

È ovvio, se con una comune pila accendiamo una lampadina la corrente: $I = \dfrac{E}{(\rho + \tau)}$ se cerchiamo di accendere più lampadine dipende da come le inseriamo

in serie la resistenza è $n \cdot \tau = R$ per cui diminuisce $I$ e le lampadine si accendono sempre meno, mentre la caduta di potenziale interna diminuisce

in parallelo: $R = \dfrac{1}{\frac{1}{\tau} + \frac{1}{\tau} + \cdots \frac{1}{\tau}} = R = \dfrac{\tau}{n}$ la resistenza $R$ diminuisce all'aumentare del n° di lampadine $n$, quindi la corrente $I$ aumenta fino a far sì che la caduta di potenziale interno: $\rho I$ sia tale da impegnare pressoché interamente $E$ (f.e.m.) mentre tende a zero d.d.p. e le lampadine non si accendono più.

Inversamente con un generatore esterno, applicato ad una soluzione possiamo avere la separazione dei componenti la soluzione. Si ha così l'elettrolisi che scinde l'acqua $H_2O$ in $H_2$ ed $O$.

La galvanoplastica per depositare metallo su stampi conduttori fino a foggiare oggetti, statue ecc.

La galvanostegia per ricoprire un metallo. (per es. nichelatura, cromatura, ecc)

Oppure per ricaricare batterie.

Sono questi scambi di energia elettro-chimica.

Un conduttore percorso da corrente genera un campo magnetico $H = \dfrac{I}{2\pi r}$ (Legge di Biot e Savart) ove $r$ è il raggio o distanza dall'asse $I$.

Poiché lo spazio in cui si svolge $H$ può avere permeabilità magnetiche diverse ($\mu$ = permeabilità magnetica) introduciamo il vettore: induzione magnetica: $\boxed{B = \mu H}$ ; $\boxed{B = \dfrac{\mu I}{2\pi r}}$

Il flusso induzione magnetica = $\boxed{\phi = \int B \times dS}$ ove $S$ = area della superficie attraversata dal flusso.

Introduciamo ora il vettore intensità di corrente $G = \dfrac{dI}{dS_e}$ ove $S_e$ = area normale alla direzione del moto delle cariche elettriche, cioè

$$G \times dS = dI = G \cdot dS \cos\alpha = G dS_e$$

$$(S_e) = (S \cos\alpha).$$

$$\boxed{I = \int G \times dS}$$

(alcuni autori simboleggiano $J = G$ $I = \int J \times dS$)

Nei dielettrici, (isolanti) le cariche elettriche negative, (elettroni), rimangono legate al nucleo di appartenenza; dispongono però di un possibile spostamento.

L'esperienza delle bottiglie di Leida (condensatori). La definizione di condensatore elettrico è: "Apparecchio costituito da due lamine metalliche separate da un dielettrico" nelle bottiglie di Leida il dielettrico è il vetro delle bottiglie, ma può essere aria, carta, mica ecc. Se uniamo le due lamine ai poli di un generatore (Pila), noteremo un breve passaggio di corrente (fase di carica), tolta la pila il condensatore rimane carico ed: ha ai capi una tensione dipendente dallo stato di carica (Q coulomb) e dalla capacità del condensatore (C farad), tensione (V volt)

$$\boxed{Q = CV}$$

Smontando il condensatore carico, cioè separando

le lamine metalliche dal dielettrico e corto=
circuitando fra loro le lamine metalliche in
modo da annullare ogni differenza di
potenziale (v), rimontiamo il condensatore
reinserendo il dielettrico, le lamine metalli=
che presentano una d.d.p "V", ciò vuol
dire che il dielettrico era elettrizzato e
cortocircuitando ora le lamine metalliche
il condensatore restituisce la corrente di carica
residua.

E come se gli elettroni del dielettrico, spostati
dal generatore, tornano al loro posto.

Questo moto di elettroni (nei due sensi) si
dice corrente di spostamento.

Indicando con "D" il vettore spostamento o
induzione dielettrica, dalla $dQ = C dV$
ove: $|dV| = K ds$ avremo: $\dfrac{dQ}{dS} = \dfrac{CK ds}{dS}$
posto: $D = \dfrac{dQ}{dS}$ : ed anche: $\quad C \dfrac{ds}{dS} = \varepsilon$

$$\boxed{\bar{D} = \bar{K} \varepsilon}$$

ove $\varepsilon$ = costante dielettrica dell'isolante
interposto $\quad \boxed{C = \varepsilon \dfrac{dS}{ds}} \quad \boxed{C = \varepsilon \dfrac{S}{s}}$

ove $S$ = area superfici affacciate; $s$ = spessore dielettrico
($C$ = capacità, espresse in Farad = Coulomb/volt)

In serie $C_1$ $C_2$ $C_u$ ⊣⊢⊣⊢ ... ⊣⊢ = $C = 1/\left(\dfrac{1}{C_1} + \dfrac{1}{C_2} + \cdots \dfrac{1}{C_u}\right)$.

In parallelo $c_1$ $c_2$ ... $c_u$ = $C = (C_1 + C_2 + C_u)$

La costante dielettrica $\varepsilon$ (Farad/metro), per i vari materiali, ammette il limite:

$$\varepsilon_0 = 8,859 \cdot 10^{-12} \ (F/m) \quad \text{(nell'ipotetico vuoto)}$$

(dielettrico perfetto). Tale valore è molto vicino a quello dell'aria, i valori $\varepsilon_t = \dfrac{\varepsilon}{\varepsilon_0}$ sono relativi a tale valore ( posto $\varepsilon_0 = 1$ )

Valori di $\varepsilon_t$

| Materiale | $\varepsilon_t$ | Materiale | $\varepsilon_t$ | Materiale | $\varepsilon_t$ |
|---|---|---|---|---|---|
| Aria | 1,0006 | Ebanite | 2,7÷2,9 | Olio per trasformat. | 2,2 |
| Bachelite | 5,7÷7 | Gommolacca | 3÷3,7 | Paraffina | 2,3 |
| Carta per cavi | 3,2÷3,8 | Guttaperca | 3÷3,6 | Porcellana | 2,5 |
| Cartone pressato | 3 | Mica | 5,7÷6,5 | Quarzo | 4,5 |
| Carta | 2-2,5 | Olio di Paraffina | 2,5 | Vetro | 5÷7,6 |

Il Farad è una unità molto grande, per cui in radiotecnica si usa il picofarad $= 10^{-12}$ farad e per il calcolo delle capacità:

$$C \ (\text{in picofarad}) = 0,08859 \cdot \varepsilon_t \cdot \frac{S \ (\text{in cm}^2)}{s \ (\text{in cm})}$$

Un'altra caratteristica dei dielettrici (isolanti) è la rigidità dielettrica che è il valore della tensione capace di perforare lo spessore unitario di dielettrico.

Si hanno così i fulmini, l'arco voltaico, e le altre scariche elettriche che bruciano l'isolante.

Per alcuni materiali, in condizioni ordinarie di pressione, temperatura, umidità, ecc. approssimati= vamente il valore della rigidità dielettrica è:

| | | |
|---|---|---|
| aria | 30 | KV/cm |
| olio minerale | 120 | KV/cm |
| Porcellana | 200 | KV/cm |
| Mica | 500 | KV/cm |
| Carta | 60 | KV/cm. |

Anche i conduttori hanno caratte= ristiche dipendenti dai materiali. Infatti se indichiamo con "I" (Amper) l'intensità di corrente elettrica, (ove Amper = coulomb/sec), per la legge di Ohm abbiamo: $I = \dfrac{V}{R}$ cioè I è diret= tamente proporzionale a "V" (tensione) ed inversamente proporzionale a "R" (resistenza). In un conduttore lungo "l" con sezione di area "A" avremo: $\boxed{R = \rho \dfrac{l}{A}}$ cioè la resistenza è direttamente proporzionale alla lunghezza, inversamente proporzionale all'area della sezione e dipende da un coefficiente "$\rho$" detto <u>resistività del materiale</u>

Al passaggio della corrente, in generale, il conduttore si riscalda ed i valori di $\rho$ variano anche notevolmente con la temperatura.

Per le linee che trasportano energia elettrica il riscaldamento dei conduttori e la dispersione in calore è una perdita da limitare il più possibile, mentre le resistenze utilizzate per riscaldamento, (fornelli, stufe, scaldabagni, ecc) il problema è l'opposto.

Sappiamo che la potenza $(Watt = \frac{Joule}{sec}) \Rightarrow (W = I \, V)$ che $(V = IR)$ per cui $\boxed{W = I^2 R}$; $Watt = (2,38 \cdot 10^{-4}) \frac{Cal}{sec}$ $(860 \, Cal) \neq (1 \, KWh)$ Quindi se vogliamo bollire un litro d'acqua in un quarto d'ora, occorrono 400 Cal/ora cioè $\simeq 465 \, W$, che $V = 220$; $W = VI$; $I = 465/220 = 2,114$ amper cioè: $\frac{465}{2,114^2} = 104$ ohm di resistenza. Ma questa resistenza non deve raggiungere la temperatura di fusione del metallo cioè la sezione deve essere abbastanza ampia da non fondere ma abbastanza piccola da superare la temperatura di 100° di ebollizione dell'acqua.

L'esempio connette <u>l'energia termica con l'energia elettrica.</u>

Sia $\rho_0$ la resistività a $0°C$ di temperatura ed esprimiamola in $(\mu\Omega \cdot cm)$

alla temperatura $t$ avremo: $\boxed{\rho_t = (1 + \alpha_0 t)\rho_0}$ ove $\alpha_0$ è il coeff. di variazione a partire da zero.

per il <u>rame</u> si ha: $\rho_0 = \dfrac{1,6}{100}$ in $\left(\dfrac{\Omega \cdot mm^2}{m.}\right)$ a $0°C$

a $20°C \to (cu)\rho_{20} = \dfrac{1,73}{100}\left(\dfrac{\Omega \cdot mm^2}{m}\right)$; a $75°C \; \rho_{75} = \dfrac{2,11}{100}\dfrac{\Omega \cdot mm^2}{m}$

(esprimendo la lunghezza in metri e la sezione in millimetri quadri)

| Materiale | $\rho_0$ | $\alpha_0$ $\frac{1}{(1000)}$ oli | Peso specifico $(Kg/dm^3)$ $\left(\frac{gr}{cm^3}\right)$ | Coeff. dilat. termica (medio) $(mm/dam)$ $(10^6)$ | temperatura di fusione t | NOTE |
|---|---|---|---|---|---|---|
| Rame elettrolitico | 1,6 | 4,25 | 8,9 | 0,17 | 1083 | |
| Alluminio | 2,65 | 4,25 | 2,7 | 0,24 | 659 | |
| Ferro | 10,00 | 50,- | 7,8 | 0,12 | 1530 | |
| Bronzo fosforoso | 1,7÷2,00 | 4,- | 8,9 | 0,18 | | alcuni valori dipendono dalla composizione di materiali o da condizioni particolari |
| Ottone | 8,5 | 1,- | 8,6 | 0,18 | 900÷1000 | |
| Nichelina | 40 | 0,1 | — | — | 1230 | |
| Nichelcromo | 106 | 0,1 | 8,4 | 0,14 | 1410 | |
| Manganina | 35÷50 | $\frac{1}{1000}(2÷5)$ | 8,3 | 0,14 | — | |
| Costantana | 49 | $\frac{1}{1000}(2)$ | 8,4 | 0,18 | 1270 | |
| Tungsteno | 5,05 | 4,2 | 19,5 | 0,034 | 3370 | |
| Mercurio | 94,076 | 0,089 | 13,6 | — | −38,09 | |
| Aldrey | 2,96 | — | 2,7 | 0,23 | — | |
| Ghisa | 80 | 7,5 | — | — | — | |
| Piombo | 19,5 | 4,2 | 11,3 | 0,29 | 327 | |
| Argento | 1,5 | 4,- | 10,5 | 0,18 | 960 | |

Per i calcoli si ricerca (se possibile) <u>un regime stazionario</u>, cioè il numero di calorie prodotto dalla energia elettrica nel conduttore ed il numero di calorie disperso nell'ambiente.

Abbiamo già vista la legge di Joule: $W = (I^2 R)(coeff)$ il coeff. per ridurre $W = Joule/sec = cal/ora$.

Per la dispersione delle calorie nell'ambiente si procede come per gli impianti di riscalda= mento, cioè considerando i tre tipi di trasmis= sione del calore:

conduzione

convezione

irradiamento

La conduzione avviene per contatto fra le parti dello stesso materiale o fra materiali diversi a diversa temperatura

La convezione è un caso particolare della conduzione ed avviene nello scambio fra un solido ed un fluido (generalmente gas) ove le particelle che per contatto avrebbero raggiunto o raggiungerebbero la temperatura del solido trasmittente si spostano (o si fanno spostare con ventilazione → convezione forzata) per fatto naturale → convezione naturale) la sciando il posto a particelle più fredde

L'_irradiamento_ invece oltre che dal salto termico, dipende anche dalla forma della superficie; ricordando che l'energia termica sono onde-elettromagnetiche con lunghezza d'onda di oltre 8000 Å (ottomila Armstrong) raggi infrarossi ed oltre. La trasmissione ne segue le leggi.

Cioè il quantitativo di Calorie trasmesso è proporzionale al salto termico. $(T_1 - T_2)$ è proporzionale alla superfice comune (area e forma) e dipende dai coefficienti di trasmissione, determinati sperimentalmente, fra i diversi materiali.

Ogni materiale ha una sua capacità termica, cioè ad un certa temperatura ha accumulato un certo numero di calorie, cioè immagazzina energia termica interna. Ma questa energia termica, che tende ad aumentare la temperatura, ha effetti collaterali quali la dilatazione termica, che, se impedita, si trasforma in energia interna potenziale elastica. Quindi se consideriamo un coefficiente che per Kg di materiale

esprime il numero di calorie necessario ad aumentare di un grado la temperatura, avremo due diversi coefficienti detti <u>calore specifico a pressione costante $c_p$</u>, e <u>calore specifico a volume costante $c_v$</u> —
Quindi richiamandoci a quanto esposto al capitolo <u>Energia – Lavoro – forze</u>, l'energia interna

$$U = C \, (T_2 - T_1)$$

$$\boxed{dU = C \, (dT)}$$

ordinariamente si considera il calore specifico $c$ per i vari materiali

| Materiale | calore specifico (Cal/Kg·°C) | Materiale | calore specifico (Cal/Kg·°C) |
|---|---|---|---|
| Acciaio | 0,12 | Pietre | 0,2 |
| Alluminio | 0,17÷0,39 | Piombo | 0,031 |
| Amianto | 0,195 | Platino | 0,032 |
| Argento | 0,056÷0,075 | Porcellana | 0,256 |
| Calcestruzzo | 0,21 | Rame | 0,093÷0,156 |
| Carta | 0,32 | Stagno | 0,057 |
| Ebanite | 0,34 | Sughero | 0,49 |
| Ferro | 0,118÷0,164 | terra | 0,3÷0,4 |
| Gesso | 0,2 | Vetro | 0,2 |
| legno | 0,57÷0,65 | Zinco | 0,094÷0,12 |
| Manganina | 0,097 | Acqua | 1 |
| Mattoni ≈ | 0,2 | Petrolio | 0,5 |

Notiamo che a volume costante non si ha lavoro esterno e tutto il calore somministrato $Q = c_v (T_2 - T_1)$ entra nel gas per cui $\boxed{dU = c_v (dT)}$

a pressione costante il gas compie lavoro esterno per cui il calore somministrato $dQ = c_v \, dT + A p \, dV$, se consideriamo il calore totale (I): $dQ = dI - A \, v \, dp$

$$\boxed{dQ = c_p \, dT - A \, v \, dp}$$

$$c_p \, dT = c_v \, dT + AR \, dT$$

da cui

$$\boxed{C_p = C_v + AR}$$

Poichè: $C_p$, $C_v$, $R$, sono determinabili sperimentalmente è possibile dedurre $A$ =od $\frac{1}{A}$ cioé l'equivalente meccanico del calore, ed è questa la strada seguita da Mayer per determinare: $\frac{1}{A} = 4186 \frac{Joule}{Caloria} = 427 \frac{Kgm.}{Caloria}$.

ed anche : 1 KWh = 860 calorie = 3600 Joule

Con ciò si correlazionano le unità energetiche elettriche, meccaniche, termiche.

La connessione diretta fra energia chimica = (energia dei materiali) e l'energia termica è il potere calorifero dei combustibili, che è il numero di calorie (grandi calorie) per Kg di materiale

| Materiale | cal/Kg | Materiale | cal/Kg | Materiale | Cal/Kg |
|---|---|---|---|---|---|
| Carbonio puro | 8140 | Benzina | 11 000 | Metano | 8 900 |
| Carbone di Legna | 7000 - 8000 | Petrolio | 10 800 | Gas illuminante | (3.500 ÷ 5000) |
| Torba | 3500 | Olio Diesel | 9.800 | Gas d'acqua | 2500 ÷ 2700 |
| Lignite | 4000 ÷ 5000 | Alcool metilico | 5.400 | Gas misto | 1200 ÷ 1300 |
| Litantrace | 7500 ÷ 8600 | Alcool etilico | 7000 | Gas d'aria | 800 ÷ 1000 |
| Antracite | 8000 ÷ 8500 | Benzolo | 10.000 | Gas d'alto forno | 750 ÷ 900 |
| Coke | 7.100 | | | | |

Il potere calorifero di un combustibile si distingue in superiore o inferiore a seconda che per l'idrogeno si assuma il calore specifico di 34.460 calorie o 29006 calorie, cioè se si riferisce anche al calore dell'acqua di condensa o non si considera (come normalmente avviene) il calore di vaporizzazione dell'acqua, non recuperato in condensa.

Poiché la combustione è una ossidazione ogni reazione chimica può essere esoterma o endoterma a seconda che produce o assorbe calore.

L'esplosione è una combustione (ossidazione) veloce, ciò permette una connessione fra energia chimica ed energia meccanica.

Consideriamo ora le tre dita della mano sinistra e della mano destra, nell'ordine: Pollice - Indice - Medio; disposti come tre assi cartesiani ortogonali; per la mano sinistra si ha una terna oraria; per la mano destra si ha una terna antioraria. La direzione del Pollice (P come peso - forza) indica la direzione della forza che genera lo spostamento. La direzione dell'Indice (I come intensità di corrente) indica la direzione della corrente elettrica dal polo ⊕ (positivo) al polo ⊖ negativo.

Il Medio (M come magnetico) indica la direzione delle linee di forza del campo da Sud verso Nord.

Ciò premesso, sia dato un campo magnetico per esempio fra i poli di un magnete a ferro di cavallo, e, perpendico= larmente alle linee di forza

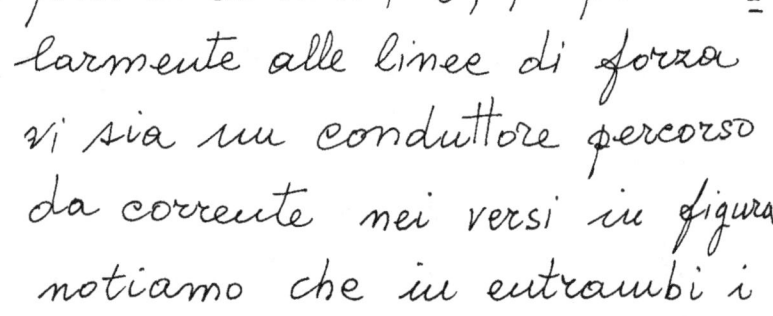

vi sia un conduttore percorso da corrente nei versi in figura notiamo che in entrambi i casi sono le direzioni delle dita della mano sinistra.

Se togliamo le pile e facciamo l'azione meccanica per spostare il conduttore, la corrente si genera nel conduttore è di verso opposto a quella in figura (valgono le direzioni delle dita della mano destra).(Alcuni testi danno significati diversi)

Questo semplice esperimento è la base degli apparecchi di misura, base dei motori elettrici, base dei generatori di elettricità.

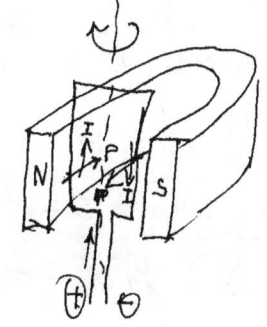

Se poniamo una spira nel campo magnetico ~~essa~~ tenderà a ruotare fino ad essere attra versata dalle linee del campo.

quindi per provocare l'altro mezzo giro dovremo invertire la polarità del generatore.

Miglioriamo il campo dando al magnete delle _espansioni polari_ tali da generare uno spazio cilindrico in cui ruota la spira e poniamo alla spira due contatti striscianti a semicerchio in modo che ad ogni mezzo giro cambi bola rità. Ma per migliorare la permeabilità magnetica porremo coassiale al campo un cilindretto ferromagnetico su cui avvolgia= mo diverse spire che vanno a due contatti striscianti (spazzole) e sono attivi quando le spire tagliano perpendicolarmente le li nee del campo. Faremo diversi avvolgimenti via via spostati i cui estemi andranno al collettore dei contatti

Abbiamo così costruito una macchina per corrente continua (Dinamo) che può funzionare sia come motore, (cioè trasforma ze energia elettrica in meccanica) sia come generatore (cioè trasformare energia mec canica in elettrica). (corrente continua)

Consideriamo ora che il rotore della nostra macchina non abbia tanti avvolgimenti sfalzati di un piccolo angolo ciascuno dei quali va due lamette del collettore, ma sia un unico avvolgimento parallelo come la spira disegnata e gli estremi vadano a due anelli interi ciascuno col suo contatto strisciante.

Facciamo meccanicamente ruotare la spira, partendo da posizio ne neutra. Via via che ruota i conduttori arriveranno a tagliare perpendicolarmente le linee del campo dando il massimo di tensione, poi torna a zero dopo mezzo giro ed inizia a generare tensione di segno opposto, col massimo quando

il gruppo di conduttori che tagliavano perpendi=
colarmente presso un polo con verso entrante
le tagliano ora presso l'altro polo con verso
uscente.

cioè nel gruppo
di conduttori AB
si vede che la cor=
rente va prima da
A verso B poi da B verso A

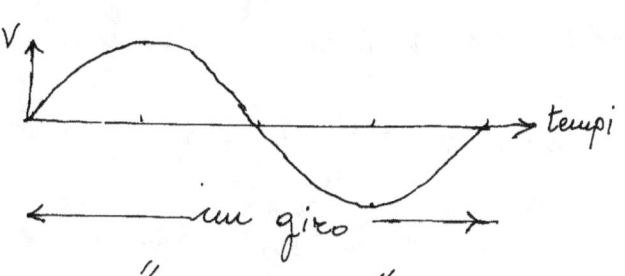

Il diagramma della corrente o della tensio=
ne ha un andamento sinusoidale.

Diremo "frequenza" il numero dei giri (o cicli)
nell'unità di tempo (1 ciclo/secondo)=(1 Herz)
Il tempo impiegato a compiere un ciclo si
chiama periodo (La corrente domestica è data
a 50 periodi al secondo (50 Herz = 50 cicli/sec) il
che, vuol dire, che in un secondo l'intensità
di corrente (nei due versi) raggiunge 100 massimi
Quindi una lampadina in un secondo rag=
giunge 100 massimi di intensità luminosa
intervallati da punti zero intensità.

Noi vediamo le cose quando sono sufficiente mente illuminate, non le vediamo al buio perciò utilizzando un effetto detto <u>stro boscopico</u> sapendo la frequenza della sorgente illuminante è possibile misurare, per esempio la velocità di rotazione di un disco.

La nostra luce elettrica dà 100 massimi al secondo $(+50)+(50)$, perciò considerando i dischi fonografici $\left(78 \, giri/1'\right) ; \left(45 \, giri/1'\right) ; \left(35 \, giri/1'\right)$ volendo verificare la velocità avremo che

$$n\left(giri/1'\right) = \frac{n}{60}\left(giri/sec\right)$$

perciò l'angolo percorso in un secondo sarà $\alpha° = \frac{n \, 360}{60} = (6n)°$

ma noi abbiamo un massimo di luce ogni $\frac{1}{100}$ di sec, cioè l'angolo percorso dal disco in $\frac{1}{100}$ di sec sarà $\frac{\alpha°}{100} = \left(\frac{6}{100}n\right)° = \left(\frac{3n}{50}\right)°$,

se dividiamo $\frac{360°}{\alpha°/100}$ avremo $\frac{18000}{3n} = \frac{6000}{n}$

per $n = 78 \, giri/1'$    $\frac{6000}{78} = 76,923 \simeq 77$ parti di giro

$" = 45 \, giri/1'$    $\frac{6000}{45} = 133,33 \simeq 133$ parti

$" = 35 \, giri/1'$    $\frac{6000}{35} = 171,41$    $\begin{cases} per \, 171 \, parti - \frac{6000}{171} = 35,08 \, giri/1' \\ per \, 172 \, parti - \frac{6000}{172} = 34,88 \, giri/1' \end{cases}$

Il cerchio va diviso in un numero intero di parti, in modo che nel tempo calcolato una lineetta di divisione vada a sovrapporsi esattamente sulla posizione della linea adiacente, che a sua volta è andata nella posizione di quella accanto, e poiché le divisioni sono tutte uguali se noi le recepiamo solo ai massimi di luce le vediamo sempre nella stessa posizione ed il disco ci appare fermo invece vediamo via via le linee adiacenti (che non possiamo distinguere. Se le divisioni sono su due circonferenze concentriche una inferiore ed una superiore al n° di giri noi vediamo le linee delle due circonferenze che ruotano in verso opposto. Anziché le lineette, conviene dividere la circonferenza in zone bianche e nere in modo che si sovrappongono le zone bianche e le zone nere, poiché la luce non si verifica solo ai max, ma è graduale, con variazione sinusoidale. (In figura solo alcune delle 77 suddivisioni di una circonferenza di 10 cm. di diametro esterno, che si vede ferma a circa 78 giri/1')

Sappiamo che le grandezze sinusoidali

$$a = A_m \, sen \left( \frac{2\pi}{T} + \alpha \right)$$

ove la velocità angolare $\omega = \frac{2\pi}{T}$ $\left( \frac{rad}{sec} \right)$

$\omega = 2\pi f$ _oppure_: $f = \frac{1}{T}$

$$a = A_m \, sen \left( \omega t + \alpha \right)$$

ove $\alpha$ (spesso indicata con $\varphi$ ) è la fase.

La fase può considerarsi la variazione nell'origine dei tempi: $\omega \tau = \alpha$ ; $\tau = \frac{\alpha T}{2\pi} = \frac{\alpha}{\omega}$ ;

$A_m$ è l'ampiezza massima della pulsazione

Se si hanno due grandezze sinusoidali di uguale periodo $T$ ma di diversa pulsazione

$$b = B_m \left( \omega t + \beta \right)$$

$(\alpha - \beta)$ è la variazione di fase: $(\alpha - \beta) = \varphi$
e se $\varphi \neq 0$ si dice che le due grandezze sono <u>sfasate</u>

Ciò premesso, (valido in generale), torniamo all'elettricità e confrontiamo la <u>corrente alternata</u> con la <u>continua</u>:

<u>L'Amper</u> = coulomb/sec = $\frac{V}{R}$ = Volt/ohm , è <u>costante in continua</u>, varia da zero ad un |massimo| <u>in alternata</u>.

L'Amper medio = $\frac{1}{T/2} \int_0^{T/2} Amper \, max \, (\omega t) \, dt$.

Abbiamo mediato in un semiperiodo,

L'amper medio è quindi quella unità di corrente, $\left(\frac{Coulomb}{sec}\right)$ che, nello spazio di tempo di un semiperiodo, fa passare, attraverso una sezione in corrente continua, lo stesso numero di Coulomb, che, per la stessa sezione, nel tempo dello stesso semiperiodo, passerebbero in alternata.

$$\frac{1}{T/2}\int_0^{T/2} A_{max}\, sen(\omega t)\, dt = \frac{A_{max}}{T/2}\int_0^{T/2} sen\left(\frac{\pi}{T/2}\, t\right) dt = \frac{A_{max}}{\pi}\left[\bar{cos}\,\omega t\right]_0^{\frac{T}{2}}$$

$$A_{media} = \frac{A_{max}}{\pi}\left[\bar{cos}\left(\frac{\pi}{T/2}\,t\right)\right]_0^{T/2} = \frac{A_{max}}{\pi}\left(\cos\pi + \cos 0\right)$$

$$A_{media} = \frac{2}{\pi}\, A_{max}$$

$$\boxed{A_{media} = 0,63661977\ A_{max}}$$

Poiché vale: $V = IR$    (ohm)

anche il

$$\boxed{Volt_{medio} = 0,3661977\ Volt_{max}}$$

Dicesi $\underline{valore\ efficace}$ di una grandezza sinusoidale, il valore $\underline{medio\ quadratico}$ di un periodo: (in tal modo il segno sparisce col quadrato)

$$A_{efficace} = \sqrt{\frac{1}{T}\int_0^T A_{max}^2\, (sen^2(\omega t)\, dt}$$

$$= \sqrt{\frac{1}{T}\left[\frac{-\frac{1}{\omega}\,sen(\omega t)\cos(\omega t) + t}{2}\right]_0^T} = \sqrt{\frac{T A_{max}^2}{2}} = \frac{A_{max}}{\sqrt{2}}$$

$$\boxed{A_{efficace} = 0,70710678\ A_{max}.}$$

Il rapporto fra valore efficace e valore medio (in un semiperiodo)

$$\frac{A \text{ efficace}}{A \text{ medio}} = \frac{\left(\frac{1}{2}\right) A_{max}/\sqrt{2}}{A_{max} \cdot \frac{2}{\pi}} = \frac{\pi}{2\sqrt{2}} = 1,1107207.$$

Tale rapporto relativo ad un semiperiodo si chiama :  $\boxed{\text{"fattore forma"} = 1,11}$

## Operazioni Aritmetiche
## Sulle grandezze sinusoidali
### (aventi la stessa frequenza)

Somma: (e Sottrazione)

$$\boxed{A_M \, sen(\omega t + \alpha) + B_m \, sen(\omega t + \beta) = C_M \, sen(\omega t + \gamma)}$$

Infatti sviluppando si ha:

$$A_M \, sen\,\omega t \cos\alpha + A_M \cos\omega t \, sen\alpha + B_M \, sen\,\omega t + \cos\beta + B_M \cos\omega t \, sen\beta$$

$$(A_M \cos\alpha + B_M \cos\beta)\, sen\,\omega t + (A_M \, sen\alpha + B_M \, sen\beta)\cos\omega t =$$

$$= C_M \, sen(\omega t)\cos\gamma + C_M \cos\omega t \, sen\gamma$$

$$\cos\gamma = \frac{A_M \cos\alpha + B_M \cos\beta}{C_M} \quad ; \quad sen\gamma = \frac{A_M \, sen\alpha + B_M \, sen\beta}{C_M}$$

elevando a quadrato e sommando : $\cos^2\gamma + sen^2\gamma = 1$

$$\boxed{C_M = \sqrt{A_M^2 + B_M^2 + 2 A_M B_M \cos(\alpha - \beta)}}$$

$$\boxed{\gamma = arctg \, \frac{A_M \, sen\alpha + B_M \, sen\beta}{A_M \cos\alpha + B_M \cos\beta}}$$

# Prodotto

per uno scalare "$n$": (si moltiplica il coefficiente o modulo)

$$mc = n\, C_M \operatorname{sen}(\omega t + \gamma)$$

Prodotto fra due grandezze sinusoidali della stessa frequenza:

$$\Big(A_M \operatorname{sen}(\omega t + \alpha)\Big)\Big(B_M \operatorname{sen}(\omega t + \beta)\Big) = c = \frac{A_M B_M}{2}\Big[$$

In fatti ricordando che per le formule di prostaferesi

(vol I) $\quad \cos(p) - \cos q = -2 \operatorname{sen}\left(\frac{p+q}{2}\right)\operatorname{sen}\left(\frac{p-q}{2}\right)$ cioè:

$$\operatorname{sen}\left(\frac{p+q}{2}\right)\operatorname{sen}\left(\frac{p-q}{2}\right) = -\frac{1}{2}\Big(\cos(p) - \cos(q)\Big) = -\frac{1}{2}\left(\cos\left[\left(\frac{p+q}{2}\right)+\left(\frac{p-q}{2}\right)\right] - \cos\left[\left(\frac{p+q}{2}\right)-\left(\frac{p-q}{2}\right)\right]\right)$$

$$A_M(\operatorname{sen}\omega t + \alpha)\, B_M(\operatorname{sen}(\omega t + \beta) =$$

$$= \left(\frac{A_M B_M}{2}\right)\left[\cos\Big[(\omega t + \beta) + (\omega t + \alpha)\Big] - \cos\Big[(\omega t + \beta) - (\omega t + \alpha)\Big]\right]$$

$$= (A_M B_M)\cdot \frac{-1}{2}\left[\cos\big(2\omega t + (\alpha+\beta)\big) - \cos(\beta - \alpha)\right]$$

$$\boxed{= \frac{A_{M}B}{2}\Big(\cos(\beta-\alpha) - \cos(2\omega t + (\alpha+\beta))\Big)}$$

Ciò è importante perché si applica per calcolare la potenza delle correnti alternate: Watt = (Volt)(Amper)

<u>E bisogna fare</u> attenzione ai segni delle fasi. $(\cos(-\alpha) = \cos(\alpha))$

## Derivata di una grandezza sinusoidale

$$D_M = \frac{d(A_M \, sen\,(\omega t + \alpha)}{dt} = \omega A_M \cos(\omega t + \alpha) =$$

$$D_M = \omega A_M \, sen\left(\omega t + \alpha + \frac{\pi}{2}\right) = \omega A_M \, sen(\omega t + \alpha_1)$$

$$\boxed{D_M = \omega A_M}$$

La derivata di una grandezza sinusoidale $A_M$ è ancora una grandezza sinusoidale della stessa frequenza, di modulo $\omega$ volte $A_M$ e sfasata di $\frac{\pi}{2}$ rispetto ad essa.

---

## Variabili dimensionali (sinusoidali)

una grandezza sinusoidale, ha come va riabile indipendente il tempo "t", poiché l'angolo $(\omega t + \varphi)$ essendo costante la frequenza "f" anche la velocità angolare: $\omega = 2\pi f$ ove: $f = (cicli/sec)$; $\omega = (rad/sec)$; sono costanti con $\varphi$.

Il modulo $(A_M)$, della variabile dipendente a, può avere dimensioni diverse, per esempio (Amper; Volt; Watt; ecc) fuori del campo geometrico, siamo in coordinate dello spazio eunedimensionale, che solo convenzionalmente possiamo rappresentare nello spazio geometrico. (In generale l'asse $x$ = ascisse diventa l'asse tempi, mentre l'asse $y = f_{(x)}$ = ordinate diventa rappresentativo di una delle grandezze citate: (intensità di corrente; tensione; potenza elettrica; ecc).

In campo vettoriale, le direzioni, $x, y, z$, sono individuate dai versori: $\bar{i}, \bar{j}, \bar{k}$;

Le nostre rappresentazioni grafiche, sono piane. quindi, visioni spaziali tridimensionali è possibile eseguirle con la fotografia (prospettiva) o con l'assonometria. Riusciamo anche a dare la visione tetradimensionale col cinematografo cioè sequenze di fotogrammi che si susseguono nel tempo, e ci danno la sensazione del movimento. Ciò permette anche di giocare sulla variabile tempo; infatti ponendo una cinepresa (in posizione fissa) e facendole scattare un fotogramma a intervalli piuttosto lunghi di tempo, proiettando la pellicola ai normali $18 \div 24$ fotogrammi/sec si può vedere un fenomeno in breve (Per esempio lo sbocciare di un fiore, il formarsi di un cristallo, le luci di un'alba) Inversamente si può rallentare un fenomeno (per es. il tuffo di un atleta).

# Rappresentazione Simbolica

Ma quanto detto sui fenomeni ottici, non possiamo estenderlo alle grandezze sinusoidali che ci interessano perché i "vettori" rappresentati vi di queste non sono vettori fisici.

Ricordando quanto esposto sui numeri immaginari complessi.

Siano le ascisse un asse reale, e siano le ordinate su'asse fuori del campo geometrico tridimensionale (asse immaginario) ove il coefficiente immaginario lo indichiamo con "j" per distinguerlo da "i" che viene usato come intensità di corrente.

Indicheremo con $\dot{I}$ il vettore rappresentato dal segmento $\overline{OP} = |I|$ con $|I|$ = modulo.

Le tre espressioni rappresentative di $\dot{I}$, sono:

$$\dot{I} = (a + jb) \qquad \text{forma binomia}$$

Per evidenziare che il vettore ruota intorno ad $O$ con velocità angolare costante $\omega$

$$\dot{I} = I\left(\cos(\omega t) + j\,\text{sen}(\omega t)\right) \qquad \text{forma trigonometrica}$$

$$\dot{I} = I\,e^{j(\omega t + \alpha)} \qquad \text{forma esponenziale}$$

Possiamo comprendere la fase $\alpha$ scrivendo:

$$\dot{I} = (a + jb)\left(e^{j\omega t}\right)$$

---

## Prodotto del vettore ruotante $\dot{I}$ per un numero complesso (vettore fisso) $\dot{M} = (m + jn)$

$$\dot{E} = \dot{M}\,\dot{I}$$

$$\dot{E} = (m + jn)\cdot(a + jb)\,e^{j\omega t}$$

$$\dot{E} = \left[(ma - nb) + j(na + mb)\right] e^{j\omega t}$$

Si nota: $|E| = |I|\cdot|M|$

$$|E| = \sqrt{(ma - nb)^2 + (na + mb)^2} = \sqrt{(m^2 + n^2)(a^2 + b^2)}$$

sia $\gamma$ la fase di $\dot{E}$ ;

$$\tan g\,\gamma = \frac{(na + mb)}{(ma - nb)}$$

dividendo ambo i termini della frazione per $(m\cdot a)$

si ha $\quad \tan g\,\gamma = \dfrac{\frac{n}{m} + \frac{b}{a}}{1 - \left(\frac{n}{m}\right)\left(\frac{b}{a}\right)} = \dfrac{tg(\beta) + tg(\alpha)}{1 - tg(\beta)\cdot tg(\alpha)} = tg(\alpha + \beta)$

quindi la fase di $\dot{E}$ è la somma della fase "$\alpha$" di $\dot{I}$ e dell'argomento $\beta$ di $\dot{M}$, mentre il modulo di $\dot{E}$ è il prodotto dei moduli di $\dot{I}$ ed $\dot{M}$.

($\dot{M}$ è fisso, ha solo l'argomento $\beta = arctg\left(\frac{n}{m}\right)$ non ha la fase, non dipendendo da $t$.

Se l'operatore compesso $\dot{M}$, auziché moltipli=
care, divide il vettore $\dot{I}$, coi considereremo
il prodotto dell'operatore $\frac{1}{\dot{M}}$, avvalendoci
di quanto già ricavato

$$\frac{1}{\dot{M}} = \frac{1}{(m+nj)} = \frac{(m-nj)}{(m^2+n^2)} = \frac{1}{|M^2|}(m-nj)$$

$\frac{1}{\dot{M}} \Rightarrow$ è un vettore che ha per modulo $\frac{1}{|M|}$ e per
argomento $- tg\left(\frac{n}{m}\right) = -\beta$.

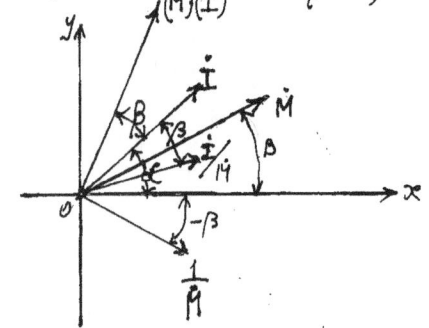

si deduce quindi che
il rapporto fra un vettore
e l'operatore complesso
$\dot{M}$ è un nuovo vettore
che ha per modulo il
rapporto dei moduli e per fase la differenza
fra la fase $\alpha$ e l'argomento di $(\dot{M})$ $(\delta_1) = (\alpha - \beta)$

—————

Abbiamo visto come le correnti alterna=
te sono generate da spire che ruotano
in un campo magnetico, queste onde
elettromagnetiche, sono fondamentali
sono della stessa natura delle radiazioni
dei corpi radioattivi ove l'elevatissima fre=
quenza, spostandosi alla velocità della luce

( $\cong$ 300 000 Km/sec ) ha una lunghezza d'onda da centesimi di Ångström a qualche Ångström.

(un Ångström (Å) ; (1 Ång = $10^{-8}$ cm = $10^{-7}$ mm = $10^{-4}\mu$) cioè la decimillesima parte del millesimo di millimetro ).

I raggi X hanno $\lambda$ da 1 Å a 12 Å.

la luce nei vari colori varia da 4000 Å per l'ultravioletto ad 8000 Å per l'estremo rosso; i raggi infrarossi da 10 000 Å =(1 $\mu$ (micron)) a 300 $\mu$.

poi si entra nelle onde Herziane che variano da pochi millimetri, a centimetri; "radar", "micro onde", onde ultra corte, (come quelle della televisione), onde corte da qualche metro a circa 150 metri, le onde medie da 600 metri = 500 Kilocicli/sec a 1500 metri = 200 Kc/sec; onde lunghe fino a diversi chilometri; fino ad arrivare alle frequenze industriali ove i nostri 50 Hz = 50 Cicli/sec avrette una lunghezza d'onda di 6000 Km. ( 50 × 6000 = 300 000 Km/sec )

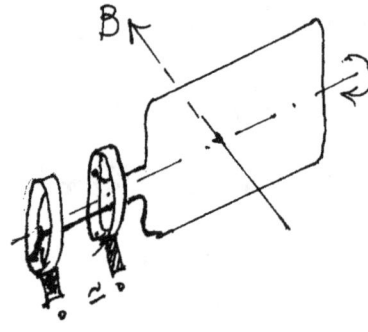

Torniamo alla nostra spira che ruota in un campo magnetico con vettore induzione $B$ (Weber/m²) con velocità angolare $\omega$ (rad/sec)

($\omega = 2\pi f$ ove: $f$ = cicli/sec."); $\boxed{\omega/f = 2\pi = \text{costante}}$;

Consideriamo che la spira abbia ruotato per un angolo infinitesimo: $d\alpha = \omega\, dt$, si nota che, se il flusso di $B$ che l'attraversa è normale al piano della spira, la variazione angolare infinitesima non varia il flusso $B \cdot A = \varphi_{Max}$ (ove $A$ = area della spira), mentre quando il flusso di $B$ è parallelo al piano della spira non attraversa la spira (i cui lati tagliano le linee di forza di $B$) e basta un piccolo angolo per ottenere l'attraversamento di un piccolo flusso.

Chiameremo la forza elettro-motrice (f.e.m) con la lettera "e", e misuriamo in "volt" l'intensità di "e" (tensione che varia sinusoidalmente.

$$e = \frac{-d\varphi}{dt}$$

# Potenza di una corrente elettrica

## In corrente continua.

$$\boxed{P = VI} \qquad (Watt) = (Volt)(Amper)$$

$$(potenza) = (tensione)(intensità\ di\ corrente)$$
$$\qquad\qquad\quad .\,d.d.p$$

$$Lavoro/tempo = (tensione)(carica\ elettrica/tempo)$$

$$Joule = (Volt)(coulomb) = (Watt)\cdot(sec)$$

## In corrente alternata  (sinusoidale)

Istante per istante vale ancora:

$$\boxed{(p = v \cdot i)}$$

Abbiamo visto che la tensione (qui indicata con la lettera v (d.d.p) era dovuta alla

$$(f.e.m) \quad \boxed{e = \frac{d\varphi}{dt}}$$

ove $\varphi$ era il flusso magnetico del vettore B

(vettore induzione $B = \mu H = Weber/m^2$) connesso con l'area della spira od $n$ volte se le spire sono $n$.

Ma la spira (o le $n$ spire), ruotando nel campo magnetico costante, presentano un'area variabile alle linee del campo, che va da un massimo A quando il piano delle spire è perpendicolare alle linee del campo; a zero quando

il piano delle spire è parallelo alle linee di forza
del campo. Se consideriamo l'angolo formato
dalla direzione di $B$ e la retta di giacitura
del piano delle spire, considerando l'origi=
ne dei tempi variata di $\alpha$ (fase) avremo
che istante per istante il flusso magnetico
sarà

$$\varphi = (B \cdot A) \cos(\omega t + \alpha)$$

(con $\omega$ = velocità angolare di rotazione della spire)

$(B \cdot A)$ = flusso massimo = $\overline{\Phi}_M$

$$\varphi = \overline{\Phi}_M \cos(\omega t + \alpha)$$

derivando :

$$e = \frac{-d\varphi}{dt} = {}^+\overline{\Phi}_M \cdot \omega \, \text{sen}(\omega t + \alpha)$$

se indichiamo con $E_M$ il valore massimo
della forza elettromotrice: $(E_M = \overline{\Phi}_M \omega)$ per $\alpha=0$
si ha quando il piano delle spire è parallelo
alle linee di forza del campo, cioè la retta
di giacitura è normale alle linee di forza del
campo cioè quando i conduttori della
spire paralleli all'asse di rotazione tagliano
le linee del campo. $\boxed{e = E_M \, \text{sen}(\omega t + \alpha)}$

Questa f.e.m. sinusoidale, applicata ad apparecchiature elettriche, si comporta in modo singolare, tanto che la corrente "i" generata può essere sfasata rispetto a "v" d.d.p ai capi dell'apparecchiatura.

In altre parole, pur essendo "V" ed "i" sinusoidale sono sfasati di un angolo ordinaria=mente indicato con $\varphi$ (da non confondere con $\varphi_{(weber)}$ flusso del vettore $\vec{B}$)

Poniamo quindi:

$$V = V_M \, sen \, (\omega t)$$

$$i = I_M \, sen \, (\omega t \div \varphi_{(rad)}) \qquad \binom{corrente \; in}{ritardo}_{(segno \; meno)}$$

perciò:

$$p = (V_M I_M)(sen(\omega t))(sen(\omega t - \varphi))$$

ricordando dalla trigonometria che:

$$(sen \, \alpha)(sen \, \beta) = \frac{\cos(\alpha - \beta) - \cos(\alpha + \beta)}{2}$$

$$p = \left(\frac{V_M I_M}{2}\right)\left[\cos(\omega t - \omega t + \varphi) - \cos(2\omega t - \varphi)\right]$$

ed anche:

$$\boxed{p = \left(\frac{V_M I_M}{2}\right)\left[(\cos \varphi) + sen\left(2\omega t - \varphi - \frac{\pi}{2}\right)\right]}$$

posti i valori efficaci: $V = \frac{V_M}{\sqrt{2}}$ ; $I = \frac{I_M}{\sqrt{2}}$

avremo:

$$\boxed{p = (VI) \, sen\left(2\omega t - \varphi - \frac{\pi}{2}\right) + (VI)(\cos \varphi)}$$

La potenza istantanea si scinde cosí in due valori: uno costante $(VI)\cos\varphi$, ed uno fluttuante sinusoidalmente:

$(VI)\,\text{sen}\left(2\omega t - \varphi - \dfrac{\pi}{2}\right)$ il cui valor medio in un periodo $T$ è dato da:

$$\frac{1}{T}\int_{0}^{T}\text{sen}\left(2\omega t - \varphi - \frac{\pi}{2}\right)dt = zero$$

quindi la potenza media in un periodo resta il valore costante:

$$\boxed{P = (VI)\cos\varphi}$$

che è detta anche <u>potenza reale</u> o <u>potenza attiva</u> che è data dal prodotto dei valori efficaci per il coseno del loro sfasamento; ove $\cos(\varphi)$ è anche detto <u>fattore di potenza</u>.

Come in continua, invertendo i poli varia il verso della corrente, ma la potenza rimane la stessa, cosí in alternata i valori efficaci del semiperiodo positivo, e quelli negativi del successivo semiperiodo, danno la stessa potenza media, ma la frequenza è doppia perché varia per semiperiodi

$$P = (VI) = (-V)(-I)$$

Riportiamo l'andamento grafico di:
ν, i, p,

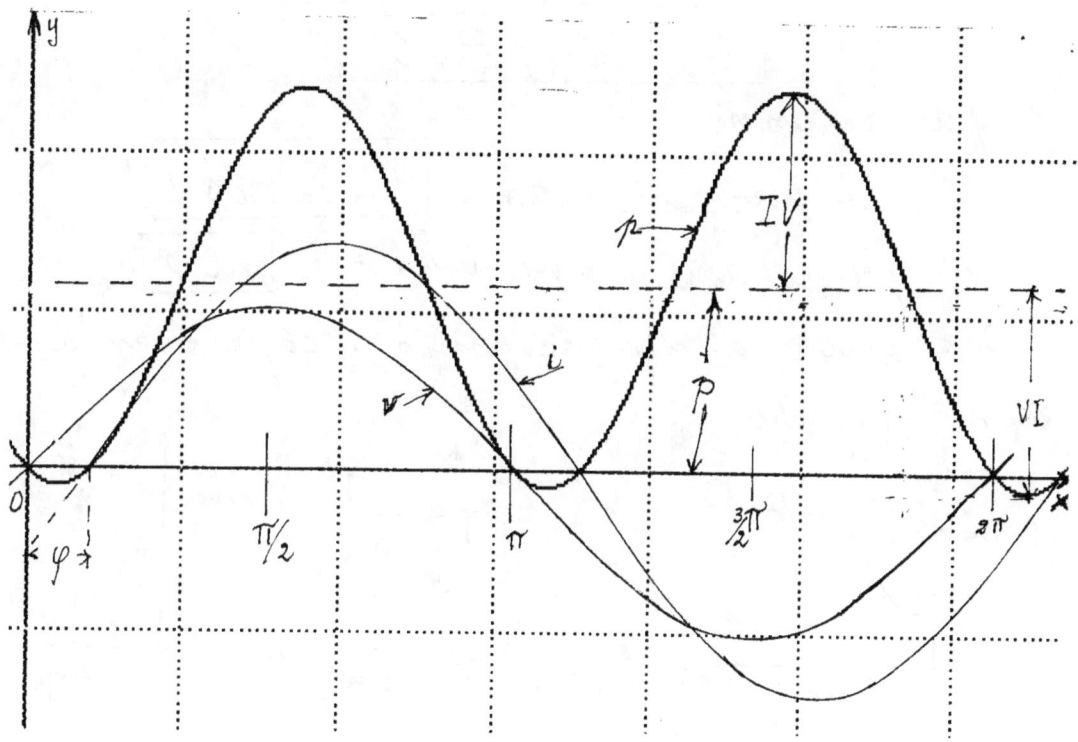

L'ampiezza della sinusoide di frequenza doppia
è VI, indipendente dal fattore potenza "φ",
tale sinusoide ha lo stesso asse x di ν e di
I quando $(φ = \frac{π}{2})$; mentre per: $(φ = 0)$ la
sinusoide di p a frequenza doppia è tutta
sopra l'asse x, è tutta positiva restando
tangente l'asse x nei punti: zero; π; 2π. —

In ogni condizione: VI = P̲a̲ è detta
p̲o̲t̲e̲n̲z̲a̲ ̲a̲p̲p̲a̲r̲e̲n̲t̲e̲; mentre: Q̲ ̲=̲ ̲(̲V̲I̲)̲ ̲s̲i̲n̲ ̲φ̲
è̲ ̲d̲e̲t̲t̲a̲ ̲p̲o̲t̲e̲n̲z̲a̲ ̲r̲e̲a̲t̲t̲i̲v̲a̲ ̲o̲ ̲V̲a̲r̲p̲o̲t̲e̲n̲z̲a̲

Le tre forme di potenza, tutte misurabili in volt·amper, sono connesse fra loro:

$$VI = P_a = \sqrt{P^2 + Q^2}$$

si può esprimere:

La *potenza reale* o attiva $\boxed{P = P_a \cos \varphi}$

La *potenza reattiva* o Varpotenza $\boxed{Q = P_a \sin \varphi}$

Ciò porta a diverse possibili rappresenta-zioni grafiche:

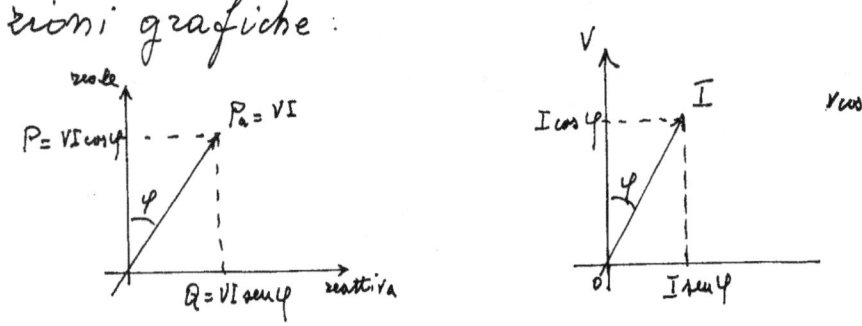

La potenza reale è positiva per: $\boxed{-\dfrac{\pi}{2} \leq \varphi \leq \dfrac{\pi}{2}}$

  "          "      è negativa per: $\boxed{\dfrac{\pi}{2} \leq \varphi \leq \dfrac{3\pi}{2}}$

L'*energia reattiva* (integrale nel tempo della *potenza reattiva*) assume per ogni semiperiodo sia il segno positivo, che negativo, per cui il segno della *energia reattiva* è convenzionale Se la corrente I è in ritardo rispetto a V, assumeremo Q positiva. (Q>0); se la corrente I è in anticipo rispetto a V, assumeremo Q<0 (negativa).

I in ritardo su V → $\varphi$<0 → $\sin \varphi$<0 → Q>0 (come nell'esempio)

Trattandosi di valori alternati nel segno, la misura di $V$ e di $I$ con strumenti per corrente continua, sarebbe impossibile perché ogni semiperiodo l'indice dello strumento sarebbe sollecitato a muoversi con versi opposti e lo vedremmo praticamente fermo sullo zero. Sono invece adeguati per misure in continua ed in alternata gli strumenti termici che non sono influenzati dal verso di $I$. Oppure elettrodinamici od elettrostatici con particolari avvertenze.

Per tener conto dei valori efficaci, poiché hanno rapporto costante coi massimi, basta la graduazione dello strumento.

Il valore: $P = VI \cos \varphi$
può determinarsi anche misurando $V$ ed $I$ come sopra e $\varphi$ con cosfimetri, ma non si usa, si costruiscono invece particolari strumenti chiamati __Wattmetri__ capaci di indicare direttamente $P$.

Vediamo come ciò sia possibile: si abbia un generatore $(E)$ ed una utilizzazione $(U)$ e sia $(W)$ lo strumento:

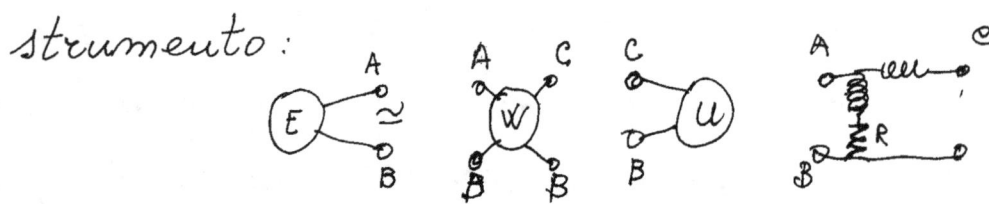

Per fissare le idee consideriamo nel polo
A un potenziale alternato (fase) ed in B un
neutro.

Internamente al Wattmetro poniamo fra A
e C una bobina (avvolgimento solenoide) ampe=
rometrica, e fra A e B una bobina
(avvolgimento solenoide) voltmetrica in serie
ad una resistenza R per limitare il flusso
di corrente.

La bobina amperometrica _sia fissa_ e se
fosse posta su un amperometro elettrodinamico
misurerebbe:

$$i = I_M \, \text{sen}(\omega t - \varphi)$$

La bobina voltmetria _sia mobile_ (cioè
connessa con l'indice esterno) e se fosse
posta in un voltmetro elettrodinamico mi=
surerebbe:

$$V = V_M \, \text{sen}(\omega t)$$

Chi genera il campo magnetico per far girare

la bobina voltmetrica è la: $i = I_M \, sen(\omega t + \varphi)$
della amperometrica; la notevole resistenza
posta in serie alla voltmetrica limita la
corrente $i_v$ che la percorre e pertanto il
campo magnetico da essa prodotto è trascu=
rabile rispetto a quello della $i$, la coppia
che fa ruotare la voltmetrica (l'indice
dello strumento) è: $\boxed{c = K i \, i_v}$ ed indica

$$p = \boxed{V I \cos\varphi} = W \quad (Watt)$$

Volendo misurare $\cos\varphi$ occorrono tre strumen=
ti: un voltmetro V, un amperometro A, un Wattmetro
W disposti come in figura:

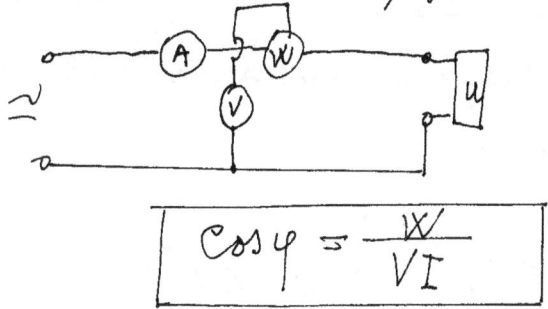

$$\boxed{\cos\varphi = \frac{W}{VI}}$$

Sulle misure elettriche è bene ricordare
che lo strumento deve consumare il mi=
nimo possibile di energia; infatti
un amperometro di resistenza interna $\rho_A$
su una utilizzazione di resistenza R
assorbe la potenza $i^2\rho_A$ rispetto ad $i^2R$ utilizzata,

Un voltmetro di resistenza $\rho_V$ sarà attraversato dalla corrente $i_V = \dfrac{V}{\rho_V}$ e la potenza assorbita $\dfrac{V^2}{\rho_V}$. Se poniamo:

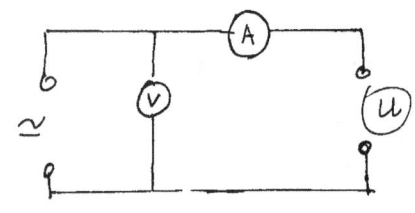

l'amperometro segna la somma delle correnti che attraversano $U$ e $V$,

mentre il voltmetro segna la tensione diminuita dalla caduta di tensione: $\Delta V = i\rho_A$ che si verifica in $A$. Si usa per correnti intense e tensioni relativamente deboli.

Invece:

si usa per tensioni elevate e correnti relativamente deboli

perché la tensione misurata è la somma delle tensioni $(V_A + V_u)$

## Le utilizzazioni

Importanza fondamentale è conoscere cosa avviene in un circuito applicato ad un generatore di f.e.m. continue o alternate.

consideremo tre tipi elementari di utilizzazione:

1) <u>Resistenza</u> ohmica pura: ⊸⊓⊔⊓⊏⊸ "R" che al passaggio della corrente disperde in calore l'energia assorbita e provoca la caduta di potenziale $V = IR$

$V$ (Volt); $I$ (Amper); $R$ (ohm).

In effetti salvo particolari accorgimenti le resistenze non sono "pure" ma presentano anche autoinduzione il simbolo è ⊸⋀⋀⋀⊸ $R$

2) <u>Induttanza</u> si indica: ⊸ℓℓℓℓ⊸ "L" e si misura in Henry.

3) <u>Capacità</u> si indica: ⊸⊣⊢⊸ "C" e si misura in Farad.

———————

<u>Per le resistenze</u> vale la legge di Ohm
· $V = IR$ sia in continua che in alternata
$W = \dfrac{V^2}{R} = I^2 R$ ove $V$ ed $I$ sono valori efficaci

si può usare come potenziometro

$$V_2 = V_1 \frac{R_2}{R_1}$$

$$R = \rho \frac{\ell}{A} = (\underset{Ohm \cdot cm.}{resistività}) \frac{(lunghezza)\,(cm)}{(Area)\,(cm^2)} = Ohm.$$

resistenze in serie

$$R = (z_1 + z_2 + z_3)$$

resistenze in parallelo:

$$\frac{1}{R} = \frac{1}{z_1} + \frac{1}{z_2} + \frac{1}{z_3}$$

$$R = \frac{1}{\frac{1}{z_1} + \frac{1}{z_2} + \frac{1}{z_3}}$$

---

Per le correnti alternate su resistenze

Il fattore potenza : $(\varphi = 0)$ ; $\cos \varphi = 1$

la potenza reattiva $\quad Q = 0 \quad$ essendo $(sen \varphi = 0)$

la potenza apparente $\quad P_a = V I$

---

## Per le induttanze

Abbiamo visto, in corrente continua, la generazione di un campo magnetico e la costituzione di una elettrocalamita mediante un avvolgimento (solenoide), se

nel solenoide circola una <u>corrente variabile</u>, ai capi
si verifica una forza elettromotrice:

$$f.e.m. = \boxed{e = -L \frac{di}{dt}}$$

ove $L$ è il coeff. di autoinduzione del solenoide

$$L = L_1 + L_2 + \cdots L_m = \text{—} \underset{L_1}{\text{mm}} \text{—} \underset{L_2}{\text{mm}} \text{—} \cdots \underset{L_m}{\text{mm}} \text{—} \quad \text{solenoidi in serie}$$

$$L = 1 \left/ \left( \frac{1}{L_1} + \frac{1}{L_2} + \cdots \frac{1}{L_m} \right) \right. = \quad \text{solenoidi in parallelo.}$$

Poichè (in via teorica) consideriamo il conduttore, che costituisce il solenoide, privo di resistenza ohmica (sarebbe meglio dire trascura-
bile), avremo che la tensione "V" agli estremi sarà:

$$(V + e) = 0 \quad ; \quad (V = -e)$$

$$V = L \frac{di}{dt} \quad ; \quad di = \frac{V}{L} dt$$

$$V = V_M sen(\omega t) \quad ; \quad i = \int \frac{V_M}{L} sen(\omega t) d't =$$

$$\boxed{i = \left| \frac{V_M}{\omega L} \right| sen \left( \omega t - \frac{\pi}{2} \right)} \quad \text{in ritardo}$$

la fase di "$i$" rispetto a "V"; $(-\varphi) = \left( -\frac{\pi}{2} \right)$ "$i$ e V"
sono in quadratura

$$\boxed{I = \frac{V}{\omega L}} \quad \text{(valori efficaci)}$$

Il prodotto $(\omega L)$, che tiene il posto di $R$ nella legge di ohm, si chiama: "reattanza induttiva" o reattanza magnetica si esprime in (ohm) quando $L$ è in (Henry) e si simboleggia con $X_M = \omega L$

con la notazione simbolica:

$$\dot{I} = \frac{\dot{V}}{j\omega L} = \frac{\dot{V}}{j X_M} = -j\frac{\dot{V}}{X_M}$$

La potenza istantanea: $p = vi$

  "   reale   $P = 0$

fattore potenza: $\cos(\varphi) = \cos\left(\frac{\pi}{2}\right) = 0$

potenza reattiva   $Q = VI = \frac{V^2}{X_M}$   $(\operatorname{sen}\varphi = 1)$

potenza apparente $P_a = VI = Q$

la potenza apparente uguaglia la reattiva.

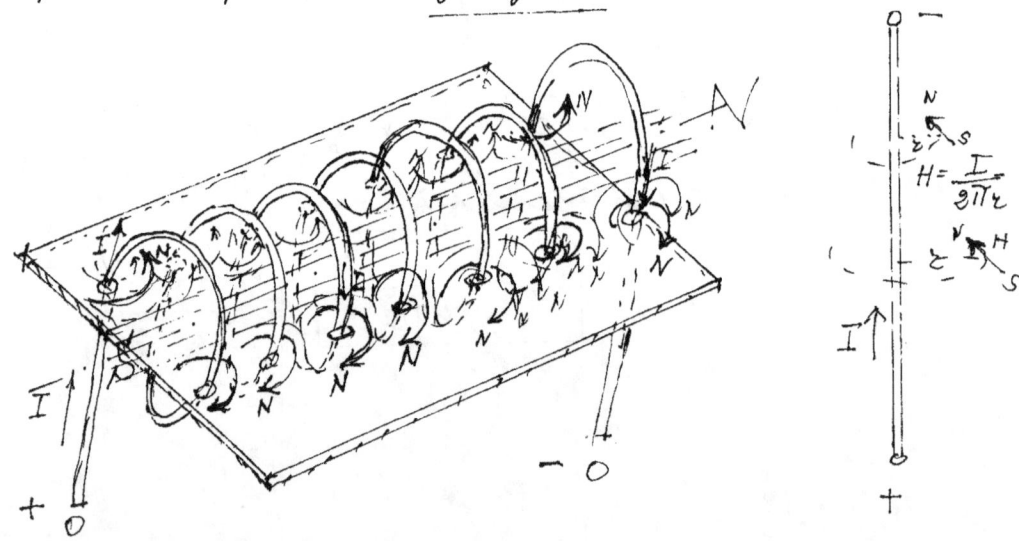

La f.e.m.

$$e = \frac{-d\Phi}{dt}$$

consideriamo il flusso generato da un so=
lenoide percorso dalla corrente "i" e suppo=
niamo di concatenare con quel flusso, il
solenoide stesso avremo che:

$$\boxed{\Phi = Li}$$

ove L è il _coefficiente di autoin_

_duzione_. (induttanza).

Quindi il flusso $\Phi$ è proporzionale ad "i"
e ad "L".

$$L = \frac{\Phi}{i} = \frac{(Weber)}{(Amper)} = \frac{Volt \cdot sec}{amper} = (ohm \cdot sec) = \underline{henry}$$

avremo $d\Phi = L \, di$

$$\boxed{e = -L \frac{di}{dt}}$$

"L" dipende dalle caratteristiche del solenoide,
che può essere un avvolgimento toroidale, o
cilindrico, può essere corto o lungo;
internamente alla spirale cilindrica
o toroidale, vi possono essere materiali
diversi, aria, oppure ferro dolce;

il diametro delle spire, (che possono essere affiancate o discoste), ecc sono tutti elementi che influenzano il valore di "L".

Facciamo una esperienza prendiamo un cilindro di cartone ed avvolgiamoci molte spire di filo di rame isolato, poniamo in serie una lampadina elettrica e inseriamo la spina     la lampadina si accende.

Iniziamo ora a porre ferri rettilinei, fili di ferro, o ferri da calsa, dentro il cilindro via via che aumenta il quantitativo di ferro dolce nel cilindro (nel solenoide) la lampadina si accende sempre meno fino a ridursi ad un filamento appena arrossato.

La $I = \dfrac{V}{wL}$ ci dice che anche il materiale del nucleo del solenoide ha grande importanza su L

È logico che l'alternarsi della tensione (e quindi della corrente) alterna il campo magnetico dell'elettrocalamita, e il lavoro per orientare i magnetini elementari è impedimento al libero passaggio della corrente.

L'impedimento è anche tanto maggiore quanto maggiore è la frequenza: $(\omega = 2\pi f)$

A questo punto dobbiamo dimensionare $L$.

Abbiamo visto che il flusso magnetico $\phi$ del vettore $B$ è: $\left(H = \dfrac{Ni}{\ell_0}\right)$

$$\phi = BA = \mu H A = \mu \frac{Ni}{\ell_0} A$$

ma questo flusso si concatena con ciascuna spira di area $A$ del solenoide, per cui

$$\phi_N = LI = \frac{\mu A}{\ell_0} N^2 i$$

coeff. di
auto induzione
$$\boxed{L = \frac{\mu A N^2}{\ell_0}}$$
( induttanza )

Ma il flusso $\phi$ potrebbe concatenarsi con un'altro solenoide, ove $N_1$ ed $N_2$ sono il numero delle spire dei due solenoidi, indicando con $M_{12}$ il coefficiente di mutua induzione fra i due solenoidi avremo:

$$\boxed{M_{12} = \frac{\mu A}{\ell_0}(N_1 N_2)}$$

$A$ = area costante delle spire; lo lunghezza $2R\pi = \ell_0$ di un avvolgimento toroidale, ma valido anche come lunghezza del solenoide cilindrico quando sia sufficientemente lungo per solenoidi cilindrici corti o con spire a più strati, valgono ancora formule del tipo:

$$\boxed{L = K \mu N^2}$$

ove "K" dipende dalla configurazione geo-metrica del solenoide.

Poiché il calcolo dell'induttanza "L" è fondamentale nello studio delle onde elettromagnetiche, (radio in particolare), diamo alcuni cenni sulle induttanze.

Le bobine (per radio) erano, almeno nei primi tempi, di vario tipo: (cilindriche, a nido d'api, a fondo di paniere, ecc), noi ci limitiamo ad esaminare le bobine cilindriche, cioè avvolte su tubi isolanti, all'interno dei quali possono esserci nuclei ferromagnetici mobili (per variare L). -: D = diametro = 2R

Sia: R il raggio esterno del tubo isolante.-

$A = R^2 \pi \simeq$ area di una spira $= \left( \frac{D^2 \pi}{4} \right)$

$\ell =$ lunghezza del tubo cilindrico

$N =$ numero delle spire

$\delta =$ passo delle spire $= \left( \frac{\ell}{N} \right) \left( \begin{smallmatrix} \text{se affiancate} \\ = \text{diametro filo} \end{smallmatrix} \right)$

$N/\ell =$ spire per centimetro $= 1/\delta$

$h =$ lunghezza del conduttore $= \left( \sqrt{(2R\pi)^2 + \delta^2} \right) \cdot N$

Consideriamo ($\mu = 1$) nucleo ad aria senza materiale ferromagnetico.

in microHenry
$$L = \frac{\pi^2 N^2 D^2}{\ell \cdot 10^3}$$

$$L \cong \frac{L \pi N D}{\ell + 03}$$ in funzione della lunghezza del filo quando $\delta$ sia piccolo

$$L \cong \frac{L \cdot D}{\delta} \cdot 0,00314$$ "

## Capacità :

C (in farad)     $$C = \varepsilon \frac{S}{1}$$

(in picofarad)
$$C = 0,08859 \cdot \varepsilon_r \frac{S(cm^2)}{1 \, (cm)}$$

Consideriamo un generatore di corrente continua, per esempio una pila di f.e.m. "E", ed applichiamo un condensatore di Capacità "C"; alla chiusura del circuito, indicando con "V" la ddp ai capi del condensatore avremo: $i = \dfrac{E-V}{R}$ ove R è la resistenza del circuito al passaggio della corrente. (R comprende la $\rho$ interna della pila, la r del circuito e la resistenza del condensatore)

$$(E-V) = R\,i \quad ;$$

$$q = CV = (coulomb)$$

$$\frac{dq}{dt} = C \cdot \frac{dV}{dt} = (i)$$

$$(E-V) = RC\,\frac{dV}{dt}$$

separando le variabili:

$$\frac{dt}{RC} = \frac{dV}{(E-V)} = -\frac{d(E-V)}{(E-V)}$$

e integrando:

$$\frac{t}{RC} = -ln\,(E-V) + h'$$

(sia $e$ = base dei $ln$) $\quad (E-V) = e^{-\frac{t}{RC} + h'} = h\,e^{-t/RC}$

Inizialmente per $t = 0$ ; $V = 0$ per cui:

$$\boxed{h = E}$$

$$V = E - h\,e^{-t/RC} \quad ; \quad \boxed{V = E\left(1 - e^{-t/RC}\right)}$$

$$\boxed{q = CE\left(1 - e^{-t/RC}\right)}$$

$$\boxed{i = \frac{E}{R}\left(1 - e^{-t/RC}\right)}$$

Se poniamo in ascisse i tempi ed in ordinate le tensioni avremo il grafico del fenomeno trasitorio di carica di un condensatore $(i_0 = E/R)$

La tensione $V$ ai capi del condensatore tende asintoticamente ad E , al limite

$$\boxed{Q = CE} \quad \text{(coulomb)}$$

Il prodotto: $(RC) = T$ è detto costante di tempo $(ohm \cdot farad) = sec.$ per $R = 1 \, ohm$ ; $C = 1 \, picofarad$ ; $T = 1 \, picosecondo = (un \, milionesimo \, di \, secondo = 10^{-6} sec)$

Inversamente il periodo di scarica ove $E = 0$ per cui :

$$-V = RC \frac{dV}{dt}$$

supponendo che la carica iniziale del condensatore fosse E , integrando : (per $t = 0 \rightarrow V = E$) per cui :

$$\boxed{V = E e^{-t/RC}}$$

$$\boxed{q = CE e^{-t/RC}}$$

$$\boxed{i = -\frac{E}{R} e^{-t/RC}}$$

tenuto conto che "i" ha verso opposto rispetto alla fase di carica si ha il grafico di scarica

del condensatore

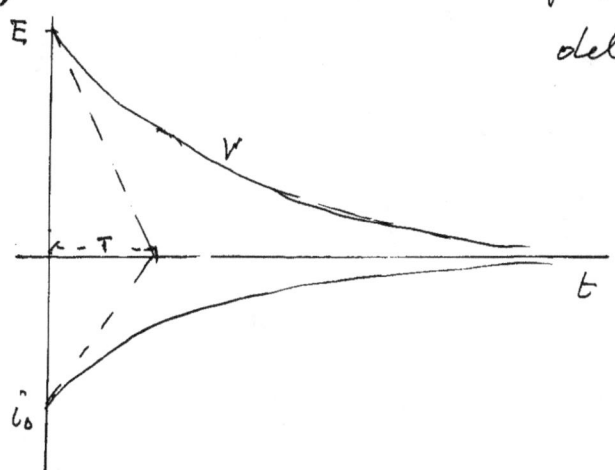

Formule analoghe si hanno se consideriamo le correnti di avviamento e di estinzione
di un solenoide applicato ad una pila

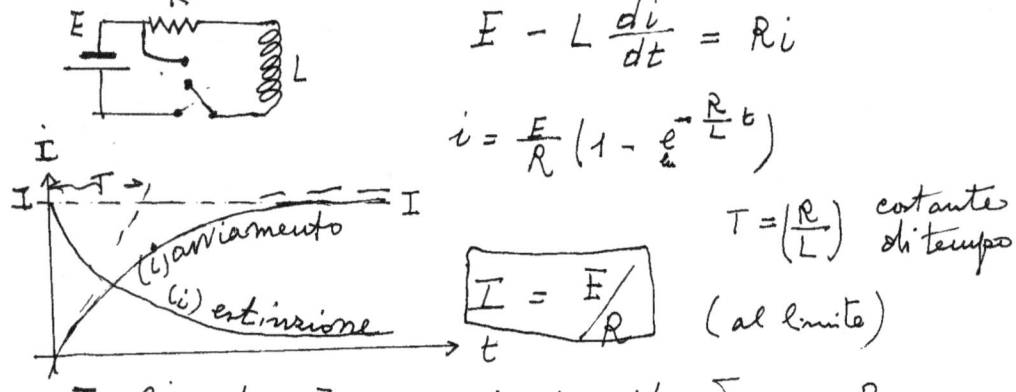

$$E - L\frac{di}{dt} = Ri$$

$$i = \frac{E}{R}\left(1 - e^{-\frac{R}{L}t}\right)$$

$$T = \left(\frac{R}{L}\right) \quad \text{cotante} \\ \text{di tempo}$$

$$\boxed{I = \frac{E}{R}} \quad (\text{al limite})$$

Togliendo $E$ e cortocircuitando su $R$ avremo

$$i = \frac{E}{R}e^{-\frac{R}{L}t}$$

Mentre la sorgente continua $E$ una volta
caricato il condensatore estingue la
corrente (le lamine sono isolate) la
sorgente alternata applicata al condensatore con la semifase positiva lo carica
in un verso con la semifase negativa ne
accelera lo scarico e lo ricarica con verso
opposto :

$$q = Cv$$

$$i = \frac{dq}{dt} = c\frac{dv}{dt}$$

ma $v$ è sinusoidale : $v = V_M \cdot \text{sen}(\omega t)$

$$i = \omega c V_M \left(\text{sen}\,\omega t + \frac{\pi}{2}\right)$$

$$I = (\omega c) V$$

cioè confrontando la legge di ohm.

abbiamo **la reattanza capacitiva** $\boxed{X_c = \dfrac{1}{(\omega c)}}$

$$I = \left(\frac{1}{X_c}\right) V$$

e con le notazioni simboliche:

$$\dot{I} = \frac{\dot{V}}{\dfrac{-j}{\omega c}} = \boxed{j \frac{\dot{V}}{X_c} = \dot{I}}$$

La potenza istantanea $p = vi$

" Reale $\quad P = 0$

La potenza reattiva: $\boxed{Q \;=\; - VI \;=\; \dfrac{I^2}{\omega c} \;=\; - \omega c V^2}$

La potenza apparente $\boxed{P_a = VI}$

L'energia immagazzinata nel condensatore

$$\boxed{W = \frac{1}{2} C V^2}$$

Consideriamo ora il circuito costituito da una sorgente alternata su una resistenza

ohmica R, in serie con una induttanza L, in serie con una capacità C, la corrente $i$ che circola nel circuito è comune I

192

Per cui, sommando le d.d.p ai capi delle singole utilizzazioni e riportandole sul diagramma a notazione simbolica si ha:

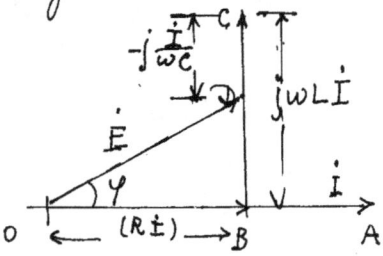

$$\overline{OB} = R\dot{I}$$

$$\overline{BC} = j\omega L \dot{I}$$

$$\overline{CD} = -j \frac{\dot{I}}{\omega C}$$

perciò:

$$\overline{OD} = \boxed{\dot{E} = \dot{I}\left(R + j\left(\omega L - \overline{\omega C}\right)\right)}$$

Introduciamo così il concetto di

<u>Impedenza</u> $= \boxed{\dot{Z} = \left[R + j\left(\omega L - \frac{1}{\omega C}\right)\right]}$

e possiamo scrivere la relazione simbolica

$$\boxed{\dot{I} = \frac{\dot{E}}{\dot{Z}}}$$

la relazione fra i moduli: $\boxed{I = \frac{E}{Z}}$

e l'angolo di sfasamento $\varphi$

$$\boxed{tg(\varphi) = \frac{(\omega L) - \overline{(\omega C)}}{R}} = \frac{X}{R}$$

Il modulo di $\dot{z}$ è

$$\boxed{Z = \sqrt{R^2 + \left(\omega L - \frac{1}{\omega C}\right)^2}}$$

$$\boxed{z = \frac{V}{I}}$$

Il modulo di $Z$ non potrà mai esse nullo, perché radice quadrata di somma di quadrati, però può minimizzarsi quando:

$$\left( \omega L - \frac{1}{\omega C} \right) = 0$$

cioè :

$$\omega^2 L C = 1$$

$$\boxed{\omega = \frac{1}{\sqrt{LC}}} \quad (\text{rad}/\text{sec}); \quad (\omega = 2\pi f)$$

La frequenza : $\boxed{f = \frac{1}{2\pi \sqrt{LC}}} \quad (\text{cicli}/\text{sec})$

In via teorica consideriamo il circuito:

ed iniziamo da un certo istante in cui il condensatore sia carico, esso possiede una certa energia potenziale: $Q = CV$ ; $W = \frac{V^2 C}{2}$ che scaricherà sull'induttanza $L$ la quale nel produrre il suo campo magnetico assumerà l'energia $W = \frac{1}{2} L I^2$, uguagliando le due energie potenziali :

$$\boxed{\frac{V}{I} = \sqrt{\frac{L}{C}}}$$

Il circuito si scambia energia (elettrica ⇄ magnetica)

con inversione di corrente e di polarità, si
è quindi in presenza di _corrente alternate_
che risulteranno sinusoidali, la cui frequen=
za : $f = \dfrac{w}{2\pi} = \dfrac{1}{2\pi\sqrt{LC}}$  è detta _frequenza_
_di risonanza_ per quei valori di L e di C.

Come un pendolo che scambia energia
gravitazionale con energia cinetica, e vice=
versa, e continuerebbe indefinitamente se
non vi fossero attriti; anche la nostra onda
elettromagnetica proseguirebbe indefinita=
mente, però la concezione è puramente
teorica, perché gli attriti esistono anche
per la "i" e quindi avremo una _oscillazione_
_sinusoidale smorzata_   esattamente rap=
presentata da un pendolo di uguale periodo
che spostandosi perpendicolarmente all'oscillazione
traccia sul piano della sua traettoria.

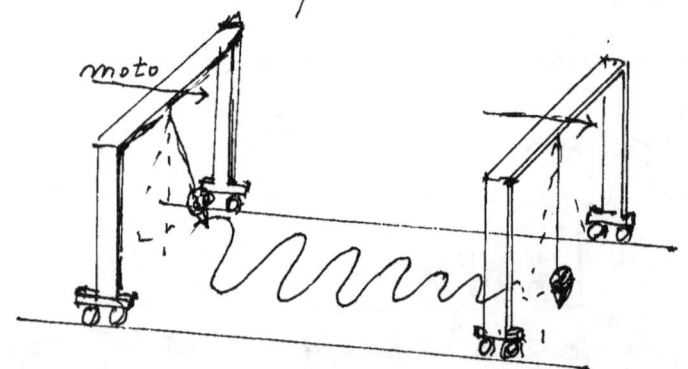

Data l'importanza dell'argomento cerchiamo
di capire meglio, studiando il trasitorio del
circuito in figura:

$E$ = f.e.m. continua (pila)

$V$ = tensione variabile
   ai capi del condensa=
   tore $C$.

$\left(L\dfrac{di}{dt}\right)$ = f.e.m. di autoindu=
   zione dell'induttanza
   $L$.

$$E - V - L\frac{di}{dt} = Ri$$

Si noti come la corrente "$i$" che la f.e.m.
$E$ della pila spingerebbe nel circuito, sia
ostacolata dalla carica del condensatore,
$v = \dfrac{Q}{C} = \dfrac{it}{C}$ ; e dalla f.e.m. di $L$ dovuta alla
variazione: $\dfrac{di}{dt}$ che è una variazione di corrente
che genera una variazione di flusso magnetico,
che genera una contro f.e.m.

$$i = \frac{dQ}{dt} = C\frac{dV}{dt} : \quad ed \; anche: \left(di = C\frac{d^2V}{dt^2}\right)$$

sostituendo:

$$(E - v) - LC\frac{d^2V}{dt^2} = RC\frac{dV}{dt}$$

dividiamo per $LC$ :   portando al secondo membro

$$\left(\frac{d^2V}{dt^2}\right) + \frac{R}{L}\left(\frac{dV}{dt}\right) + \frac{(V - E)}{LC} = 0$$

equazione differenziale del secondo ordine,

Poiché: $(dv) = d(v-E)$ se poniamo $(V-E) = y$

e $t = x$ l'equazione diventa:

$$y'' + \left(\frac{R}{L}\right)y' + \left(\frac{1}{LC}\right)y = 0$$

Per risolverla consideriamo l'eq. caratteristica

(vedi $III$ vol)

$$z^2 + \left(\frac{R}{L}\right)z + \left(\frac{1}{LC}\right) = 0$$

le cui radici:

$$\frac{\alpha_1}{\alpha_2} = -\frac{R}{2L} \stackrel{+}{-} \sqrt{\frac{R^2}{4L^2} - \frac{1}{LC}}$$

risolvono l'integrale generale:

$$(V-E) = \alpha\, e_{u}^{\alpha_1 t} + \beta\, e_{u}^{\alpha_2 t}$$

ove $\alpha, \beta,$ sono le costanti d'integrazione.

Esaminiamo le radici: $\alpha_1$ ed $\alpha_2$ esponenti,

della base "e" dei logaritmi naturali.

Vi sono tre casi:

$$\Delta : \binom{discriminante}{eq\ 2°} = \left(\frac{R^2}{4L^2} - \frac{1}{LC}\right) \gtrless 0$$

I] Se il discriminante è positivo, si hanno

due radici reali, dovrà essere:

$$R > 2\sqrt{\frac{L}{C}}$$

ove: $\left(2\sqrt{\frac{L}{C}}\right)$ è detta resistenza critica

I diagrammi di $i$ e $v$ in funzione di $t$ sono:

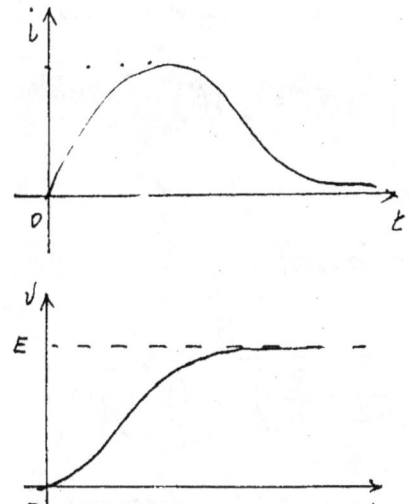

"$i$" cresce da zero ad un massimo e torna a zero quando $C$ è carico.

"$v$" ai capi del condensatore $C$ parte da zero e tende asintoticamente ad $E$.

---

$\underline{\text{II}}$)
$(\Delta = 0)$
sia: $R = 2\sqrt{\dfrac{L}{C}}$     $(\Delta = 0)$

$\alpha_1 = \alpha_2 = -\left(\dfrac{R}{2L}\right)$

$(V - E) = A\, e^{-\frac{R}{2L}t} + \beta t\, e^{-\frac{R}{2L}t}$

---

$\underline{\text{III}}$) $(\Delta < 0)$ è il caso di radici immaginarie nell'equazione caratteristica, in questo caso (vedi vol. $\underline{\text{III}}$) si opera una trasformazione sostituendo i coefficienti $\alpha$ e $\beta$ otteniamo una forma trigonometrica.

Infatti ricordiamo (dalla trigometria

complessa di Eulero) che:

$$\frac{e^{ix} + e^{-ix}}{2} = \cos(x) \left.\right\} \quad e^{ix} = \cos(x) + i\,sen(x)$$

$$\frac{e^{ix} - \bar{e}^{ix}}{2i} = sen(x) \left.\right\} \quad e^{-ix} = \cos(x) - i\,senx$$

Nel nostro caso poniamo:

$$\sqrt{\frac{R^2}{4L^2} - \frac{1}{LC}} = \sqrt{(-1)\left(\frac{1}{LC} - \frac{R^2}{4L^2}\right)} = \left(\sqrt{-1}\right)(\omega) = j\omega$$

notare che: $\omega = \sqrt{\frac{1}{LC}} = 2\pi f$ (frequenza di risonanza f)

qui il valore di $\omega$ è variato non essendo $R = 0$.

Le radici dell'equazione caratteri=stica diventano:

$$\left(\left(-\frac{R}{2L}\right) + j\omega\right)t \quad ; \quad \left(\left(\frac{-R}{2L}\right) - j\omega\right)t$$

avremo;

$$(V - E) = e^{-\frac{Rt}{2L}}\left[A\,e^{+j\omega t} + B\,e^{-j\omega t}\right]$$

Consideriamo due diverse costanti di inte=grazione:

$$M = (A + B) \quad ; \quad N = j(A - B)$$

cioè;

$$A = \left(\frac{M + N/i}{2}\right) \quad ; \quad B = \left(\frac{M - N/i}{2}\right)$$

sostituendo:

$$(V - E) = e^{-\frac{Rt}{2L}}\left[\left(\frac{M + N/i}{2}\right)e^{+j\omega t} + \left(\frac{M - N/i}{2}\right)e^{-j\omega t}\right]$$

$$(V-E) = e^{-\frac{Rt}{2L}}\left[M\left(\frac{e^{jwt}+e^{-jwt}}{2}\right) + N\left(\frac{e^{jwt}-e^{-jwt}}{2j}\right)\right]$$

$$\boxed{(V-E) = e^{-\frac{Rt}{2L}}\left[M\cos(wt) + N\,sen(wt)\right]}$$

Cerchiamo di definire le costanti di integrazione con condizioni limite.

per $t=0$ ; $V=0$ ; $e^{-\frac{Rt}{2L}}=1$ ;

$$-E = \left[M\cos(0) + N\,sen(0)\right]$$

$$\boxed{M = -E}$$

Per trovare $N$ facciamo la derivata: $\frac{dV}{dt}C$ moltiplicata "$C$" perché l'intensità di corrente $i = C\frac{dV}{dt}$ infatti $dQ = idt = CdV = $ (variazione di carica).

$$\frac{d(V-E)}{dt}C = \frac{dV}{dt}C = i = -\frac{R}{2L}e^{-\frac{Rt}{2L}}\left[(M\cos(wt)+N\,sen(wt))\right] +$$
$$+ e^{-\frac{Rt}{2L}}\left[-wM\,sen(wt) + wN\cos(wt)\right]$$

per: $\boxed{t=0}$ si ha: $\boxed{i=0}$ $\boxed{e^{-\frac{Rt}{2L}}=1}$

$$0 = -\frac{R}{2L}(M) + w(N) \qquad Ma\ \boxed{M=E}$$

$$\boxed{N = \frac{-RE}{2Lw}}$$

$$(V-E) = e^{-\frac{Rt}{2L}}\left[-E\cos(wt) + E\left(\frac{-R}{2wL}\right)sen(wt)\right]$$

$$\boxed{V = E\left[1 - e^{-\frac{Rt}{2L}}\left(\cos(\omega t) + \left(\frac{R}{2\omega L}\right)\operatorname{sen}(\omega t)\right)\right]}$$

$$C\left(\frac{dV}{dt}\right) = i = CE\left[+\frac{R}{2L}e^{-\frac{Rt}{2L}}\left(\cos(\omega t) + \frac{R}{2\omega L}\operatorname{sen}(\omega t)\right) + \right.$$

$$\left. - e^{-\frac{Rt}{2L}}\left(-\omega\operatorname{sen}(\omega t) + \frac{R}{2\omega L}\omega\cos(\omega t)\right)\right]$$

$$i = CE\,e^{-\frac{Rt}{2L}}\left[+\frac{R}{2L}(\cos(\omega t)) - \frac{R}{2L}\cos(\omega t) + \left(\frac{R^2}{4L^2\omega} + \omega\right)\operatorname{sen}(\omega t)\right]$$

$$i = \frac{CE\,e^{-\frac{Rt}{2L}}}{\omega}\left[\left(\left(\frac{R}{2L}\right)^2 + \omega^2\right)\operatorname{sen}(\omega t)\right]$$

$$\left(\frac{R}{2L}\right)^2 + \omega^2 = \left(\frac{R}{2L}\right)^2 \pm \left(\sqrt{\left(\frac{R}{2L}\right)^2 + \frac{1}{LC}}\right)^2$$

$$= \left(\frac{R}{2L}\right)^2 - \left(\frac{R}{2L}\right)^2 = \frac{1}{LC}$$

$$i = \frac{CE}{\omega}\,e^{-\frac{Rt}{2L}}\,\frac{\operatorname{sen}(\omega t)}{LC}$$

$$\boxed{i = \frac{E}{\omega L}\,e^{-\frac{Rt}{2L}}\,\operatorname{sen}(\omega t)}$$

$$\boxed{i = E\left(\frac{\operatorname{sen}(\omega t)}{(\omega L)\,e^{+\frac{Rt}{2L}}}\right)}$$

è meglio scrivere:

$$\boxed{i = \left[\left(\frac{E}{\omega L}\right)\operatorname{sen}(\omega t)\right]\underset{\text{sinusoide}}{}\left[e^{-\frac{Rt}{2L}}\right]\underset{\text{fattore smorzante}}{}}$$

$\underline{\text{fattore smorzante}}: \left(e^{-\frac{Rt}{2L}} = 0\right) \text{ per } (t = \infty)$

Abbiamo già trattato lo smorzamento sul moto armonico, comunque ripetiamo le "dizioni."

$$y = a \cos(\omega t)$$

espressione di funzione sinusoidale: "a" = ampiezza massima della elongazione $\left( t = 0 \begin{array}{c} +2k\pi \\ 0 \leq k \leq \infty \end{array} \right)$

che nel caso coseno per $t=0$; $y=a$

$$y = a \cos(\omega t) \left( e^{-K(\omega t)} \right)$$

$$\left( T = periodo = \frac{2\pi}{\omega} \right)$$

ove: $e^{-K(\omega t)}$ = $\underline{fattore\ smorzante}$

$K = \underline{coefficiente\ di\ smorzamento}$

$2\pi K = \underline{decremento\ logaritmico}$

$\dfrac{y_n - y_{n+1}}{y_n}$ = smorzamento, da alcuni detto fattore di smorzamento

Si noti che se facciamo variare $(\omega t)$ di $2\pi$ in $2\pi$ avremo la serie:

$a e^{0}$; $a e^{-k2\pi}$; $a e^{-k4\pi}$

ma, $a e^{-k4\pi} = a \left( e^{-k2\pi} \right)^2$;

$a e^{-k6\pi} = a \left( e^{-k2\pi} \right)^3$ ......

$y = a e^{-K\omega t}$

Cioè si ha una progressione geometrica la cui ragione è: $e^{-2\pi K}$ che rappresenta "a" volte i massimi positivi decrescenti da "a" ($t=0$) a zero per $t = \infty$. Siano $a_1$ ed $a_2$ due massimi positivi,

$a_1 e^{-2\pi K} = \dfrac{a_1}{e^{2\pi K}} = a_2$ ; $\dfrac{a_1}{a_2} = e^{2\pi K}$ ; prendiamo i logaritmi naturali dell'espressione:

$$ln\left(\frac{a_1}{a_2}\right) = ln\left(e^{2K\pi}\right)$$

$$ln(a_1) - ln(a_2) = 2K\pi$$

$\underbrace{\text{diminuzione dei valori logaritmici}}$ } $= \begin{cases} \text{decremento} \\ \text{logaritmico} \end{cases}$
di due massimi positivi consecutivi }

Ciò giustifica la definizione di

$\underline{2\pi K = \text{decremento logaritmico}}$

Attenzione : non è $(a_1 - a_2)$ che sarebbe la diminuzione dei valori delle ampiezze $a_1$ e $a_2$, abbiamo dimostrato che il loro rapporto

$$\frac{a_m}{a_{m+1}} = e^{2K\pi} \quad \text{(progressione geometrica)}$$

quindi essendo variabile il decremento delle ampiezze si è trovato costante il decremento del loro logaritmo.

———

# La Risonanza

La risonanza si verifica fra le apparecchia=
ture capaci di emettere vibrazioni della
stessa specie e della stessa frequenza.
Nei suoni (da cui la parola risonanza), gli
esempi sono molteplici: due diapason ove
eccitando uno entra in vibrazione anche
il secondo. Caratteristica l'esperienza
di porre cavallucci di carta sulle corde di

una chitarra, se un altro
strumento fà la nota di una
delle corde della chitarra, questa entrando
in vibrazione fa saltar via il cavalluccio di
carta mentre le altre corde sono rimaste ferme.
Ma a noi interessa la risonanza
nelle onde elettromagnetiche, ove il
circuito generatore ed il circuito
ricevente debbono avere la stessa fre=
quenza: $f = \frac{\omega}{2\pi}$; $\left(\omega = \frac{1}{\sqrt{LC}}\right)$; $\boxed{f = \frac{1}{2\pi\sqrt{LC}}}$ $L_1$ e
$C_1$; $L_2$ e $C_2$ possono essere diversi, ma
$L_1 C_1 = L_2 C_2$ ciò porta: $\frac{L_1}{L_2} = \frac{C_2}{C_1} = \frac{1/C_1}{1/C_2}$
Le induttanze stanno fra loro come gli
inversi delle capacità. (Nei circuiti in risonanza)

Dobbiamo riprendere due tipi di circuito che abbiamo già visti.

Superato il periodo transitorio, di apertura o di chiusura di un circuito reattivo <u>sotto corrente continua</u> si ha che, per un condensatore, non passa corrente, essendo le due lamine separate da un dielettrico (isolante). Per un solenoide, una volta costituita l'elettrocalamita, la corrente circola nel solenoide soggetta alla resistenza ohmica del solenoide stesso.

<u>Una corrente alternata</u> attraversa tanto più facilmente un condensatore, quanto più alta è la frequenza e quanto maggiore è la capacità. L'impedimento si chiama <u>reattanza capacitiva</u>, si indica con $\boxed{"X_c" = \dfrac{-1}{\omega C}}$

In un solenoide invece, oltre la resistenza ohmica, l'alternarsi del campo magnetico genera un impedimento che si chiama <u>reattanza induttiva</u>, si indica con $\boxed{X_L = \omega L}$ ed è tanto maggiore quando maggiore è la frequenza e tanto maggiore quanto maggiore è il coefficiente di autoinduzione "L" del solenoide.

Mentre una resistenza ohmica trasforma l'ener
gia elettrica in energia termica, (effetto Ioule)
Un condensatore accumula cariche elettriche,
(che restituisce), un solenoide produce un
campo magnetico, che restituisce in energia
elettrica. Cioé, mentre le resistenze ohmiche
disperdono in calore l'energia elettrica,
le reattanze (capacitiva e induttiva) accu=
mulano energia potenziale che restitui=
scono in energia elettrica.

Abbiamo già dato le equazioni di Maxwell,
e da esse il vettore di Poynting, sulla
potenza irradiata. Le onde radio sono
state scoperte da Hertz, ispirato dal
trattato di elettricità scritto dal Maxwell,
quest'ultimo, si dice, che avendo matemati
camente rilevato che in casi particolari
la corrente elettrica si trasmetteva senza
attriti e senza conduttori, ne faceva una
battuta accademica. Hertz, rilevato che la
scintilla che scocca fra i poli di un gene
ratore non ha conduttori metallici, fece
delle esperienze con oscillatori e risonatori,

producendo onde elettromagnetiche che poi furono chiamate <u>onde hertziane</u>. e possono trasmettersi a distanza senza conduttori metallici. Hertz fece anche studi notevoli sulla luce violetta e sulla velocità dell'induzione magnetica, morì ancora giovane (1857 - 1894).

Le onde radio furono studiate dal Righi (1850 - 1921), eminente fisico che portò il suo contributo geniale nei vari campi della fisica, continuò le ricerche di Hertz, il suo oscillatore a sfere per dimostrare come nelle scintille elettriche si producevano onde elettromagnetiche di onda cortissima. Diede una veste sperimentale alle teorie di Maxwell, precorse l'invenzione di Marconi suo allievo.

Marconi con l'applicazione dell'antenna rese praticamente possibile la trasmissione anche a distanza notevole, e dal telegrafo al telefono senza fili, l'interesse produsse un rapido sviluppo. Il primo ricevitore utilizzato da Marconi fu quello inventato da Calzecchi-Onesti, dieci anni prima. e sperimentato al Liceo di Fermo.

# La Tecnologia

Le applicazioni si evolvono rapidissimamente, dalla pila di Volta alla lampadina di Edison, con la scoperta che il filamento della lampadina emette elettroni, (Effetto Edison) detto anche effetto termoionico o termoelettronico. L'effetto fu interpretato da G.Fleming, che costruì la prima valvola radio, aggiungendo una placca conduttrice nella lampadina. (Anodo positivo destinato ad attrarre e captare gli elettroni emessi dal filamento). La valvola fu detta "diodo" (due elettrodi) uno che emette elettroni, cioè il filamento, poi sostituito con conduttore detto "catodo"; l'altro elettrodo, la "placca", anodo, che se positiva attira gli elettroni, se negativa li respinge. La valvola fu usata come raddrizzatrice di tensioni alternate poste in placca, o come rivelatrice delle onde elettromagnetiche provenienti dallo spazio. In entrambi i casi, però, restituisce solo la semionda positiva.

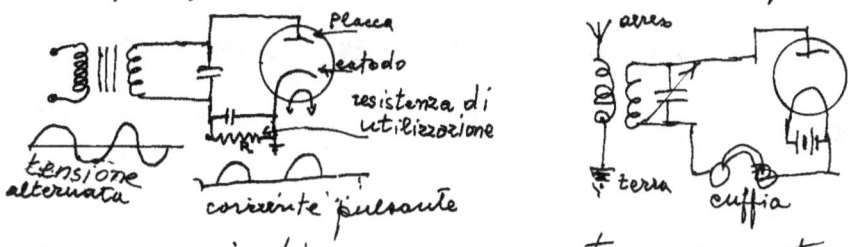

avremo quindi una corrente pulsante.

Volendo raddrizzare le due semionde, si usa il doppio diodo collegato con un trasformatore

opportuno, e si cerca con condensatori e impedenze induttive di limitare l'ondulosità della tensione positiva.

Lee De Forest perfezionò la valvola "diodo" introducendo, fra filamento e placca un terzo elettrodo (la valvola è detta triodo) il terzo elettrodo detto "griglia", perché costituito da una specie di spirale o rete metallica che, se positiva, accelera gli elettroni verso la placca; se negativa, ne diminuisce il flusso fino a respingerli. Fu introdotto un nuovo elettrodo detto "catodo" che

riscaldato dal filamento produceva più elettroni. La valvola "triodo"

può avere come produttore di elettroni il filamento od il catodo, la griglia ha una funzione delicatissima e la placca la consideriamo a tensione costante.

Per capire l'importante funzione della griglia è opportuno fare un diagramma: $V_g$ = tensione di griglia , $I_p$ = corrente di placca. (a tensione di placca costante)

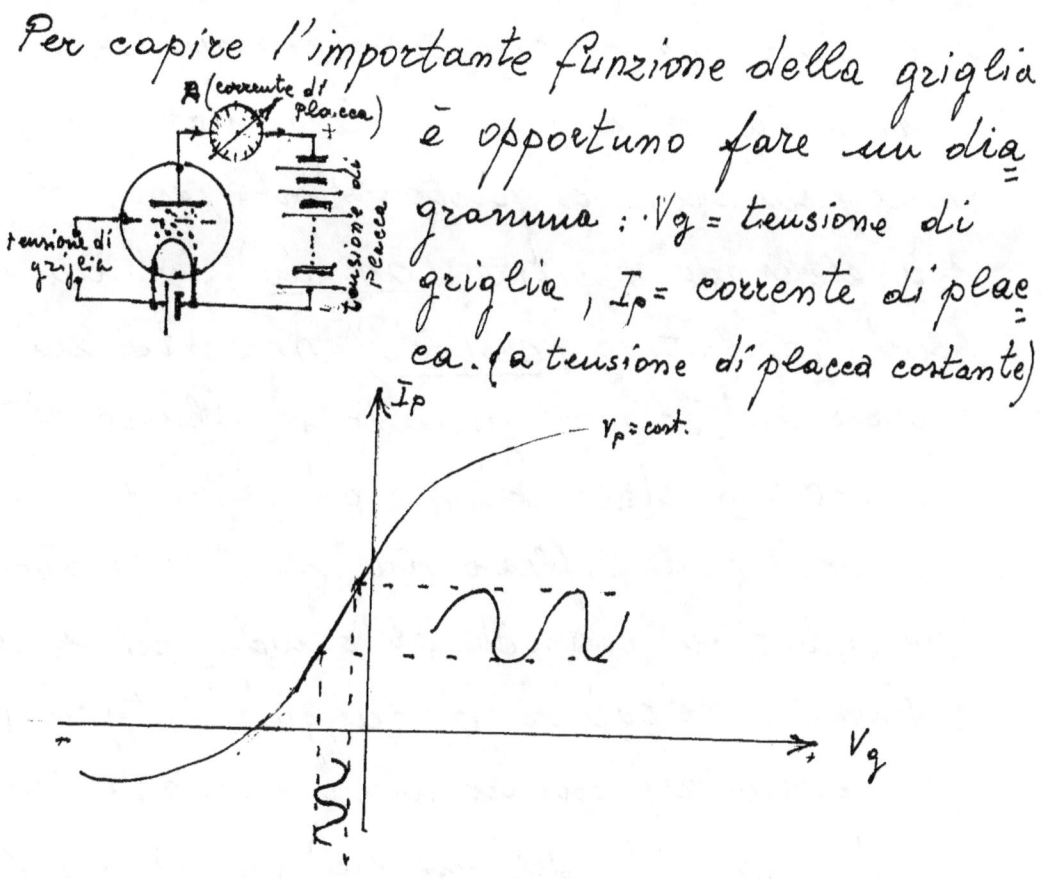

Si chiama "pendenza" l'inclinazione del tratto rettilineo del grafico e rappresenta il coefficiente di amplificazione dato dal rapporto fra la variazione di corrente di placca e la corrispondente variazione di tensione di griglia. Successivamente le griglie sono aumentate formando i tetrodi: ed i pentodi: valvole generalmente usate come amplificatrici, lasciando ai diodi la rivelazione, raddrizzando l'onda portante la modulazione.

L'applicazione di questi fenomeni non è limitata alla valvola elettronica per la radio; un tubo a vuoto spinto, che abbia un elettrodo positivo (<u>anodo</u>); ed un elettrodo negativo (<u>catodo</u>) presenta un caso interessantissimo quando il flusso elettronico emesso dal catodo ed attratto dall'anodo, viene riflesso da un "anticatodo" che impedisce l'arrivo all'anodo ed i raggi riflessi o raggi X o raggi "Röntgen" (dal suo scopritore) hanno una minima lunghezza d'onda ($\frac{1}{10000}$ delle onde luce) ed hanno la caratteristica di attraversare i corpi, da cui le radiografie.

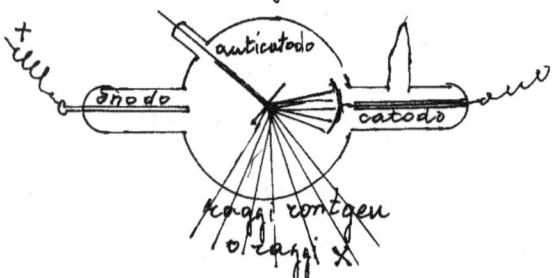

Il campo delle lunghezze d'onda delle onde elettromagnetiche è così vasto che non è rappresentabile in unica scala. Si va da frazioni di Ångström per i raggi gamma, ($1\text{Å} = 10^{-10}$ metri $= 10^{-8}$ cm. $= 10^{-7}$ mm) ai 4000 Å per i raggi violetti della luce agli 8000 Å per i raggi rossi, alle onde hertziane da pochi millimetri a kilometri.

Che il raddrizzamento delle onde elettromagnetiche, potesse farsi anche con mezzi
diversi dalle valvole termoioniche, era noto
da tempo. Per esempio la "galena" (solfuro
di piombo) ha poteri di raddrizzatore
(rivelatore) di onde elettromagnetiche.
L'apparecchiatura che rivela le onde elettromagnetiche ordinariamente è chiamata:
"detector" (parola inglese che significa rivelatore).
Il raddrizzatore a cristallo (galena) è costituito
da un alloggiamento metallico ove
viene fissato il cristallo (PbS) che termi=
con uno spinotto, l'altro spinotto, ha uno snodo che
termina in una spiralina metallica che poggia sul
cristallo. Nei circuiti, il raddrizzatore si simboleg=
gia con: ▶︎|  (raddrizza una semionda) cioè ottiene
una corrente pulsante da una corrente alternata :

Per raddrizzare le due semionde si può fare
il circuito:

Lo studio dei semiconduttori portò alla scoperta dei <u>transistori</u> che potevano sostituire il triodo. (i transistori furono detti triodi a cristallo). Lo spazio occupato da un transistor è molto minore della valvola elettronica, le sue dimensioni sono circa la punta di un lapis. Il transistor è costituito dall'affiancamento di semiconduttori e può avere come successione pnp oppure npn. questi cristalli di germanio e di silicio corrispondono ai tre elettrodi che escono dal transistor. il primo è detto "<u>emettitore</u>" (E) quello centrale "<u>base</u>" (B) ed il terzo è detto <u>collettore</u> (C). Lo schema nei circuiti elettronici è:

L'elettronica ha fatto passi da gigante; i circuiti prestampati si prestano a confezionare apparecchi sempre più piccoli, addirittura si prefabbricano microcircuiti contenenti anche centinaia di transistor. Le applicazioni sono ormai numerosissime dagli orologi ai computer, accelerando il progresso scientifico.

# Analisi Armonica

La ricerca delle funzioni sinusoidali che in numero finito, od infinito, compongono ogni funzione periodica, dicesi: "analisi armonica".

Avvalendosi del teorema di Fourier che dice:
"Ogni funzione periodica di frequenza $\nu$ può essere espressa in modo univoco mediante serie di funzioni trigonometriche con frequenze: $\nu$, $2\nu$, $3\nu$, ....$n\nu$..."

Ciò porta alla serie di Fourier:

$$\frac{a_0}{2} + \sum_{n=1}^{\infty} \left[ a_n \cos(nx) + b_n \, \text{sen}(nx) \right]$$

per $n=1$, si ha la prima armonica; per $n=2$, la seconda armonica, e così via.

I coefficienti dello sviluppo, sono dati:

$$a_0 = \left(\frac{1}{2\pi}\right) \int_0^{2\pi} f(\alpha) \, d\alpha$$

$$a_n = \left(\frac{1}{\pi}\right) \int_0^{2\pi} f(\alpha) \cos(n\alpha) \, d\alpha$$

$$b_n = \left(\frac{1}{\pi}\right) \int_0^{2\pi} f(\alpha) \, \text{sen}(n\alpha) \, d\alpha$$

ore le grandezze alternate, (fenomeni ciclici), sono esprimibili:

$$f(\alpha) = f(\alpha + 2k\pi)$$

Supponiamo di voler rappresentare una funzione abbastanza semplice : $x = 2 \operatorname{sen}(\omega t) + \operatorname{sen}(3 \omega t)$

(per ora in fase)

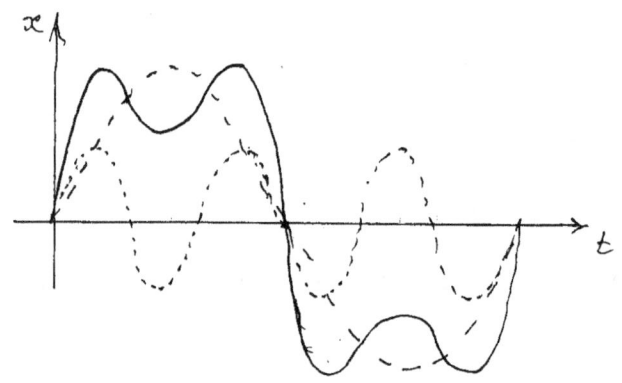

Dalla rappresentazione si nota come la simmetria dell'onda positiva con l'onda ne= gativa di $2 \operatorname{sen}(\omega t)$, si conservi nella curva ri= sultante, e come le simmetrie delle onde posi= tive e negative di $\operatorname{sen}(3 \omega t)$ si conservano nella modulazione della risultante.

Il fenomeno vale per ogni tipo di frequenza; in acustica, il fonografo di Edison ove una puntina costretta a percorrere il solco delle vibrazioni incise da apparecchi agenti per effetto di suoni, riprodu= ce, (opportunamente collegata), i suoni stessi. Visivamente, se amplifichiamo le vibrazioni sono= re di una membrana acustica il grafico tracciato sul nastro scorrevole, sarà del tipo:

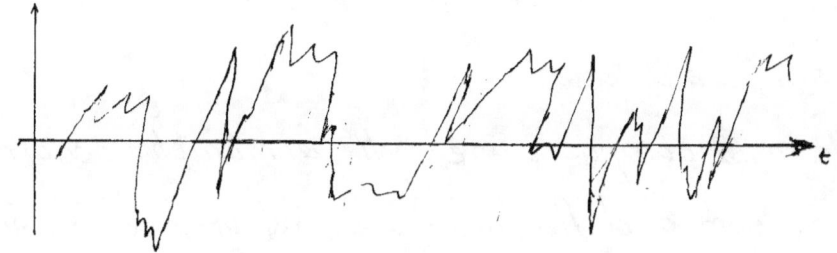

ove in ascisse sono i tempi sincronizzati con
lo scorrimento del nastro, in ordinate l'inten
sità; ma, l'intensità è dovuta alla maggiore
o minore pressione sulla membrana, cioè
alle vibrazioni elastiche. La frequenza della
vibrazione ci dà l'altezza del suono, ma è
sempre la somma di molte frequenze, per
esempio il $la_3$ di un violino stradivarius, ha
la vibrazione fondamentale a 435 vibrazioni al
secondo, alla quale si addizionano una vibrazione di fre
quenza 870 ($2^a$ armonica) ampia $\frac{1}{4}$ della fondamentale,
una vibrazione di frequenza 1305, ampia $\frac{1}{2}$ della fonda
mentale, oltre questa $3^a$ armonica si addizionano an
che la $4^a$, $5^a$, $6^a$, $7^a$, $8^a$, $9^a$ tutte ampie circa $\frac{1}{10}$ o meno
della fondamentale.
Il $la_3$ di un violino comune ha la fondamentale a
435 di frequenza ampia 0,8   la $2^a$ armonica ampia $\frac{1}{2}$;
la $3^a$, 0,8;  la $4^a$, $\frac{1}{4}$;  la $5^a$, 1,=;  la $6^a$, $\frac{1}{4}$, la $7^a$, 0,4;
l'$8^a$ e la $9^a$, $\frac{1}{10}$.  Ciò ci chiarisce quello che viene

216

chiamato nei suoni: "<u>il timbro o metallo</u>", cioé
come la stessa nota musicale, prodotta da strumenti
diversi, sia diversa.

Ma nella composizione delle armoniche occorre anche
tener conto della loro fase. Nel grafico: $x = 2\,\text{sen}(\omega t) + \text{sen}(3\omega t)$
non abbiamo considerato la fase, cioé abbiamo posto: $\varphi = 0$.
Consideriamo ora: $x = 2\,\text{sen}(\omega t) + \text{sen}(3\omega t + \varphi)$.

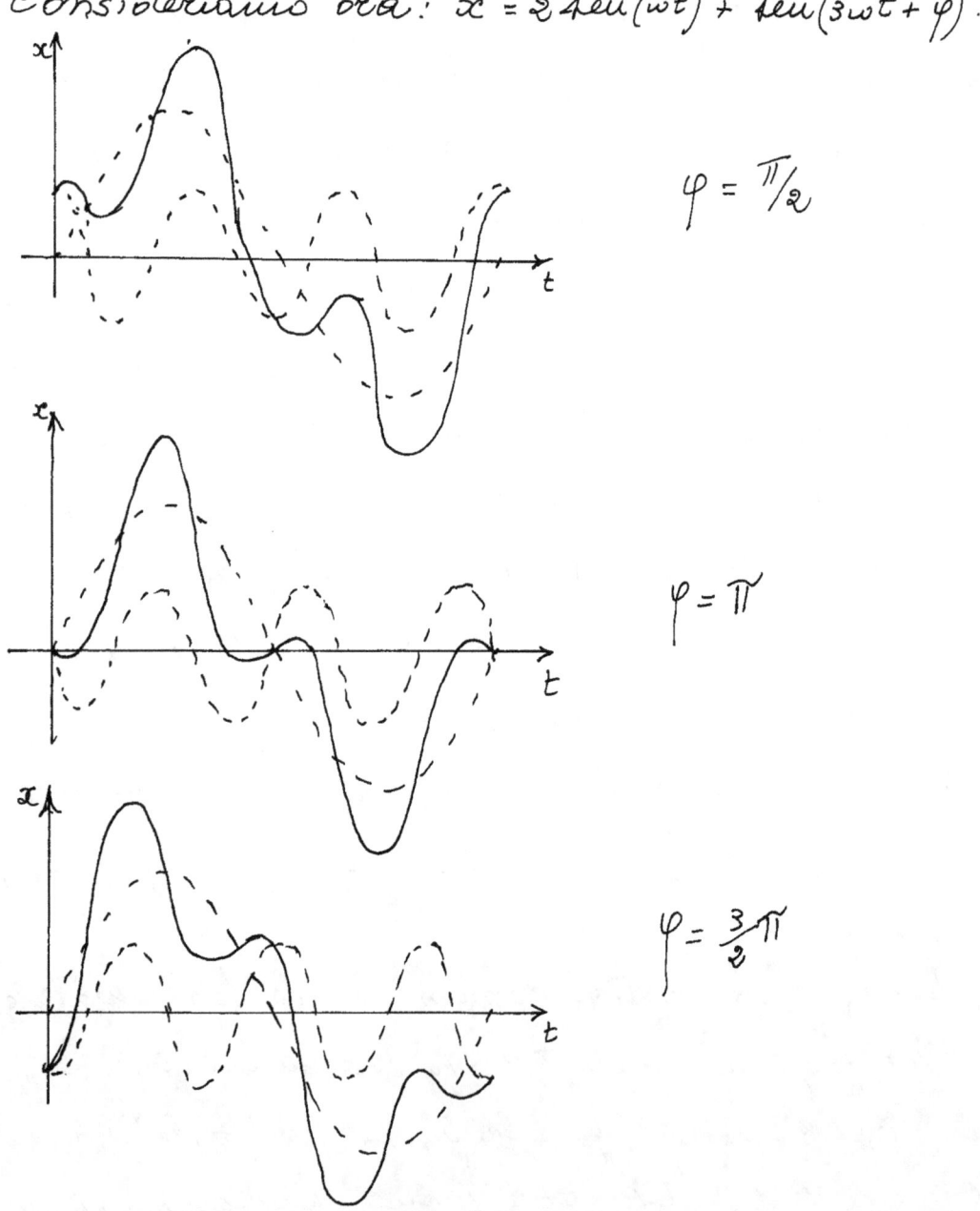

$$\varphi = \frac{\pi}{2}$$

$$\varphi = \pi$$

$$\varphi = \frac{3}{2}\pi$$

Nel nostro esempio abbiamo considerato tre fasi caratteristiche della terza armonica, prima che ritorni la figura iniziale $(\varphi = 0) = (\varphi = 2\pi)$. Poiché ciascuna armonica può avere una fase diversa, consideriamo un'armonica generica (per es. l'$m^{ma}$) che addizionerà $\ldots + K_m \, \text{sen}(m\omega t + \varphi_m) + \ldots$ sviluppando si ha:

$$K_m \left[ \text{sen}(m\omega t) \cos(\varphi_m) + \cos(m\omega t) \, \text{sen}(\varphi_m) \right]$$

posto:

$$a_m = K_m \, \text{sen}(\varphi_m) \; ; \qquad b_m = K_m \cos(\varphi_m) \; ; \qquad \text{avremo, addizionando le varie armoniche:}$$

$$f(x) = \frac{a_0}{2} + a_1 \cos(\omega t) + a_2 \cos(2\omega t) + a_3 \cos(3\omega t) + \ldots + a_n \cos(n\omega t) +$$
$$+ b_1 \, \text{sen}\, \omega t + b_2 \, \text{sen}(2\omega t) + b_3 \, \text{sen}(3\omega t) + \ldots + b_n \, \text{sen}(n\omega t)$$

che possiamo sintetizzare:

$$\boxed{f(x) = \frac{a_0}{2} + \sum_{i=1}^{=n} a_i \cos(i\omega t) + b_i \, \text{sen}(i\omega t)}$$

È questa la serie di Fourier, dove si nota che i singoli coefficienti sono funzione delle fasi delle singole armoniche, e quindi di non facile determinazione. Con i risuonatori si può determinare l'intensità delle singole armoniche, meno facile determinare la loro fase.

## Apparecchi riceventi

Consideriamo un ricevitore di onde Hertziane, tale ricevitore può essere calcolato per ricevere una particolare frequenza, ma può avere il suo analizzatore per scegliere la frequenza in un certo campo di frequenze : (C-variabile).

I poli di arrivo sono l'aereo (o antenna) A, e la terra T.

Il circuito di risonanza è dato dall'induttanza L e dal condensatore C. L'onda hertziana sinusoidale, modulata è rivelata dal raddrizzatore R, che raddrizza una sola semionda, e lascia inalterata la modulazione. La restituzione sonora su altoparlante o cuffia S è data dalla modulazione della corrente che passando attraverso l'avvolgimento di una elettrocalamita fa vibrare una membrana che riproduce il suono.

Per induttanza intendiamo quella parte di circuito elettrico caratterizzata dal coefficiente di mutua induzione che si misura in Henry. In genere l'induttanza è un avvolgimento

di filo conduttore elettrico. Se l'avvolgimento
avviene su un cilindro di raggio costante
di lunghezza molto maggiore del raggio di
sezione, tale avvolgimento (induttanza) si chiama
solenoide. (Il solenoide può essere a più stra=
ti di spire, come nel caso di certe elettrocalamite
ove il solenoide è avvolto su materiali ferroma=
gnetici; ma può avere anche un solo strato
di spire addirittura non affiancate fra loro
lasciando aria all'interno del solenoide come
avviene per le induttanze radio per alta frequenza)
Il solenoide può essere torico anziché rettilineo,
oppure può avere le spire non parallele, od altri
artifizi nell'avvolgimento, ed in questo caso le
induttanze si chiamano bobine, termine tal
volta usato anche per solenoidi rettilinei.

Per il solenoide cilindrico rettilineo, corti=
tuito di $N$ spire di raggio $r$ e lungo $l$
con $l \gg r$, il coefficiente di autoinduzione è:

$$L = \frac{4\pi^2 N^2 r^2}{l}$$

se il nucleo, anziché aria, è materiale ferromagne=
tico di permeabilità $\mu$ e sezione $S$,

$$L = \frac{4\pi N^2 S}{l} \mu$$

Il condensatore è invece costituito da lamine metalliche conduttrici, separate da un dielettrico (che può essere anche aria).

La capacità "c" di un condensatore è data da:

$$(Capacità\ in\ picofarad) = C = (0,0885)\ \varepsilon_r\ \frac{S\ (cm^2)\ (area\ affacciata)}{d\ (cm)\ (distanza)}$$

ove "S" è l'area delle superfici affacciate delle lamine, "d" è la distanza fra le lamine affacciate (δ anche lo spessore del dielettrico interposto), "$\varepsilon_r$" la costante dielettrica relativa del dielettrico interposto (per l'aria $\varepsilon_r = 1$). L'unità di misura è il "Farad" (troppo grande, per cui praticamente si usa il microfarad = $10^{-6}$ Farad, od il Picofarad = $10^{-12}$ Farad). (Due lamine metalliche parallele nell'aria, distanti 1mm., che si affacciano per 1 cm², hanno una capacità di 0,885 picofarad, quasi un picofarad).

Variando la superficie affacciata delle lamine si ha un condensatore di capacità variabile e quindi potrà essere il variatore di un circuito oscillante per sintonizzarsi su una particolare frequenza (in quel campo di frequenze).

$$f = \frac{1}{2\pi\sqrt{LC}}$$

I simboli di condensatore variabile (⊣⊢), e di induttanza variabile (⊰⊱ oppure ⊰⊱), consentono di distinguere, in un circuito, le parti che consentono di sintonizzarsi.

Per l'induttanza, la variazione è dovuta all'inserimento nel solenoide di nuclei ferro magnetici, oppure alla variazione del numero di spire.

## I Trasformatori

I solenoidi attraversati da correnti alternate, generano, al loro intorno, un campo magnetico variabile, capace di influenzare altri solenoidi esistenti in quel campo.

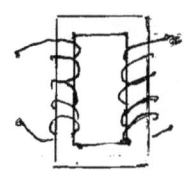

In genere però si cerca di convogliare il campo magnetico mediante la mierini di materiale ferro magnetico, o di avvolgere i solenoidi sullo stesso nucleo, anche con solenoidi sovrapposti. Questi avvol gimenti,

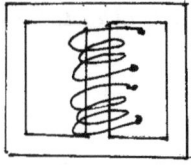 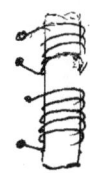

sono detti trasformatori, il circuito in cui si immette corrente è detto primario, mentre il circuito da cui si preleva corrente è detto secondario. Le tensioni al primario, e secondario stanno fra loro come il numero delle spire del primario ed il numero delle spire del secondario. ($V_1 : V_2 = n_1 : n_2$)

Se l'avvolgimento è unico in figura, esso è detto: autotrasformatore

Senza entrare nel merito della teoria e calcolo dei trasformatori, con i rispettivi rendimenti e perdite, poiché la potenza (e quindi l'energia) immessa nel primario, salvo le perdite per dispersione in calore, è uguale a quella presa nel secondario, cioè: $W_1 \cong W_2$ $V_1 I_1 \cong V_2 I_2$, e poiché la dispersione in calore è proporzionale al quadrato della corrente;

$W = V \cdot I$ ; $V = IR$ ; $W = RI^2$ ; il circuito ad alta tensione (piccola corrente) avrà un avvolgimento fatto di molte spire di filo sottile, mentre il circuito a bassa tensione (corrente intensa) sarà costituito di poche spire di filo di grande sezione essendo: ($R = \rho \frac{\ell}{S}$).

Al variare della frequenza alternata, varia l'impedimento che l'induttanza esercita al passaggio di energia dal primario al secondario. Essendo la forza elettromotrice: $f.e.m = e = \frac{dv}{dt}$, per alte frequenze bastano piccole impedenze per generare un campo elettromagnetico capace di connettere i circuiti: primario e secondario. (Poche spire avvolte senza nucleo ferromagnetico). Per basse frequenze invece, occorrono alte impedenze, costituite da avvolgimenti con moltissime spire, su nuclei ferromagnetici opportunamente dimensionati. (È il caso degli ordinari trasformatori per la tensione domestica, 50 Hz.)

Per avere l'idea della molteplicità di condizioni in cui può essere impiegato un trasformatore, possiamo osservare lo schema di una supereterodina (cioè un circuito radio che addiziona la frequenza di antenna con una frequenza autogenerata al fine di produrre una media frequenza costante che amplificata e raddrizzata, dà la frequenza fonica per l'altoparlante) I circuiti sono molteplici, in dipendenza delle valvole o dei transistor impiegati, noi diamo

uno schema base per indicare i vari trasforma=
tori.

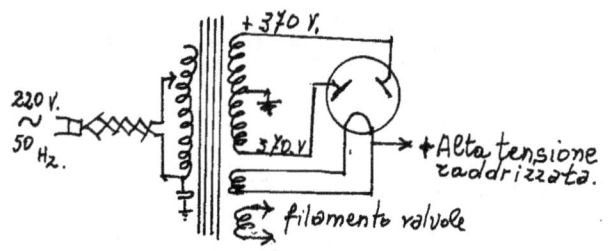

Trasformatore di
alimentazione
con valvola rad=
drizzatrice.

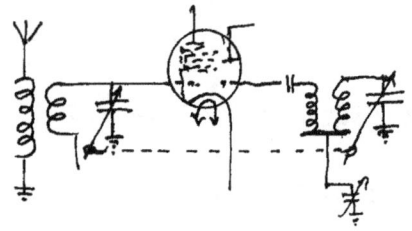

Trasformatore di antenna (alta
frequenza) e trasformatore di oscil=
latore con valvola addizionatrice
per avere medie frequenze costanti.

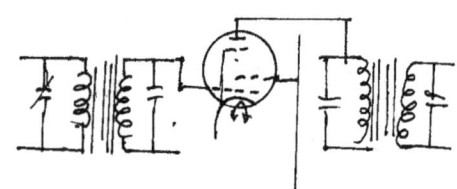

Trasformatori a media fre=
quenza e valvola amplifica=
trice a media frequenza

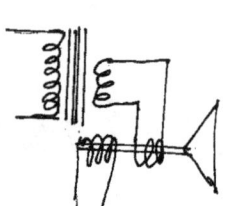

trasformatore in bassa fre=
quenza, con l'altoparlante per
la riproduzione sonora.

Ricordando che la lunghezza d'onda di una
stazione trasmittente è data dalla velcità del
la luce (300.000.000 $^m/_{sec}$) divisa per la frequenza;
avremo:   per   $\lambda = 50$ m.     $\nu = 6000$ Kc/sec $= 6 \cdot 10^6$ Hz

200 m.     $\nu = 1500$ Kc/sec $= 1,5 \cdot 10^6$ Hz

600 m.     $\nu = 500$ Kc/sec $= 0,5 \cdot 10^6$ Hz

Mentre le onde radio sono dell'ordine dei megaHertz, ($10^6$ Hz = $10^3$ Kc/sec → $\lambda = 300$ m), la frequenza delle onde acustiche varia notevolmente da persona a persona, grosso modo si dice varia da 16 a 16000 Hz (il $La_3$, nelle note musicali, ha 435 vibrazioni al secondo). Però le onde sonore non sono paragonabili con le onde elettromagnetiche, sopratutto per il diverso modo di trasmettersi e la conseguente diversa velocità.
(300.000.000 = m/sec le prime; varia con la temperatura e pressione dell'aria la velocità delle vibrazioni sonore. A 10 °C è circa 340 m./sec)

È possibile trovare suoni ed onde elettromagnetiche, che hanno la stessa lunghezza d'onda anche se le frequenze sono così diverse:
$\frac{340}{435} = 0,78$ m = $\lambda$ del $La_3$; occorre una frequenza di 384,6 megacicli per avere la stessa lunghezza d'onda in onde elettromagnetiche. (siamo nell'ordine di RAIUNO in televisione).

Le vibrazioni elastiche cominciano ad emettere suono udibile nell'aria verso 16 periodi al secondo, ed il suono è udibile circa fino a 16000 periodi al secondo, poi si entra nel campo ultrasuoni non più udibili per l'uomo, ma ancora udibili per animali (esistono fischi per cani non udibili dall'uomo). Anche le onde luminose (onde elettromagnetiche) sollecitano la vista umana in un certo campo (da circa 4000 Å nell'ultravioletto a 8000 Å nell'infrarosso), ma l'uomo ha costruito apparecchiature per rilevare un campo ben maggiore, basti pensare alla lunghezza d'onda delle "radiazioni gamma" ove $\lambda \cong 0,02 \div 1$ Å (Angström $= 10^{-8}$ cm) $1$ Å $= 10^{-4} \mu$ (micron). Ed oltre il campo visibile, i raggi infrarossi $\lambda \cong 10\,000$ Å $= 1\mu \div 300\mu$ (micron); quindi si entra nel campo delle onde Hertziane. $\lambda \cong 1$ mm $\div 10$ Km.

Nel campo delle vibrazioni, abbiamo considerato le onde acustiche (vibrazioni elastiche) e le vibrazioni elettromagnetiche, ci domandiamo quali altri tipi di vibrazioni è possibile trattare.

Per vibrazione, generalizzando, possiamo intendere ogni fenomeno che compie un certo numero di cicli al secondo. (nell'unità di tempo).

# L'equazione delle corde vibranti

Consideriamo una corda, perfettamente flessibile, tesa fra due punti fissi A e B. Per fissare le idee, consideriamo le corde degli strumenti musicali, ma lo studio ha carattere più generale. La vibrazione di tale corda, nello spazio geometrico è piana, cioè bidimensionale, e, la posizione dei singoli punti, è variabile nel tempo. Se consideriamo il tempo rappresentato sulla y di un sistema di assi cartesiani $x, y, z \equiv x, t, z$, avremo in generale:   $z = f(x, t)$

ove la corda vibra nel piano verticale $x\,z$.

Gli spostamenti dei singoli punti (spostamenti piccolissimi), avvengono normalmente all'asse $x$, su cui giace il segmento $\overline{AB}$, ed A sia nell'origine degli assi.

Consideriamo il segmento infinitesimo di corda $\overline{PQ}$ su $\overline{AB}$; ove: $\overline{PQ} = dx = ds$, sia $\overline{P'Q'}$ lo stesso tratto di corda al tempo t.

Data la piccolezza degli spostamenti, possia=
mo considerare costante, anche nel tempo,
la tensione della corda. Rappresentiamo
la tensione stessa con due forze tangenzia
li in P' e Q', di uguale modulo, con F in P'
verso A ed in Q' verso B: (−F e +F in figura), la loro
risultante è diversa da zero. Se proiettia
mo tali forze sull'asse z la differenza
delle componenti secondo z (risultante in
z) è la forza agente il movimento, ed
è pari alla <u>massa</u> di $\overline{P'Q'}$ per l'accele=
razione secondo z, cioè: $\dfrac{\partial^2 z}{\partial t^2}$.

L'ascissa di P e di P' è: "x", l'ascissa di
Q e di Q' è: (x + dx)

Il coefficiente angolare tg α, della retta
tangente in P' è $\quad tg\,\alpha_{P'} = \left(\dfrac{\partial z}{\partial x}\right)_x$

Il coefficiente angolare della retta tangente
in Q' è $\quad tg\,\alpha_{Q'} = \left(\dfrac{\partial z}{\partial x}\right)_{x+dx} = \left(\dfrac{\partial z}{\partial x}\right) + \dfrac{\partial^2 z}{\partial x^2}\,dx$,

Per la piccolezza degli spostamenti, anche α è
piccola: $tg(\alpha) \doteq sen(\alpha)$, proiettando le due forze su
l'asse z, si hanno le componenti secondo z:

$$-F\,\dfrac{\partial z}{\partial x} \quad ; \quad F\left(\dfrac{\partial z}{\partial x} + \dfrac{\partial^2 z}{\partial x^2}\,dx\right) ;$$

La loro somma, che è la risultante secondo $z$ sarà: $F \frac{\partial^2 z}{\partial x^2} dx$, dovrà uguagliare la massa per l'accelerazione del tratto di fune $\overline{PQ} = ds = \overline{P'Q'}$ cioè:

$$F \frac{\partial^2 z}{\partial x^2} dx = m \frac{\partial^2 z}{\partial t^2}$$

se $\rho$ è la densità della fune per unità di lunghezza avremo:

$$\rho \cdot dx = \rho \, ds = m = \text{(massa del tratto } dx)$$

$$F \frac{\partial^2 z}{\partial x^2} dx = \rho \frac{\partial^2 z}{\partial t^2} \cdot dx$$

$$\boxed{\frac{F}{\rho} \frac{\partial^2 z}{\partial x^2} = \frac{\partial^2 z}{\partial t^2}}$$

posto: $V = \sqrt{\frac{F}{\rho}} = $ (velocità di propagazione dell'onda lungo la corda), cioè: $V^2 = \frac{F}{\rho}$, sostituendo si ha: l'equazione delle corde vibranti:

$$\boxed{\frac{\partial^2 z}{\partial t^2} = V^2 \frac{\partial^2 z}{\partial x^2}}$$

che possiamo scrivere:

$$\boxed{\frac{\partial}{\partial t}\left(\frac{\partial z}{\partial t}\right) = \frac{\partial}{\partial x}\left(V^2 \cdot \frac{\partial z}{\partial x}\right)};$$

che è l'equazione di D'Alembert, o della propagazione delle onde, il cui integrale generale è: $\boxed{z = \varphi_1(x+Vt) + \varphi_2(x-Vt)}$ infatti:

$L'$ espressione :

$$\frac{\partial z}{\partial t} dx + V^2 \frac{\partial z}{\partial x} dt$$

è il differenziale esatto di una funzione "$u$"

ore:

$$du = \frac{\partial z}{\partial t} dx + V^2 \frac{\partial z}{\partial x} dt$$

$$v dz = d(Vz) = V \frac{\partial z}{\partial x} dx + V \frac{\partial z}{\partial t} dt$$

sommando
e
sottraendo:

$$d(vz + u) = \left(\frac{V \partial z}{\partial x} + \frac{\partial z}{\partial t}\right) dx + V\left(\frac{V \partial z}{\partial x} + \frac{\partial z}{\partial t}\right) dt$$

$$= \left(V \frac{\partial z}{\partial x} + \frac{\partial z}{\partial t}\right)\left(V dt + dx\right)$$

$$\boxed{\begin{aligned} d(v_z + u) &= \left(\frac{\partial z}{\partial t} + V \frac{\partial z}{\partial x}\right) d(x + vt) \\ d(v_z - u) &= \left(\frac{-\partial z}{\partial t} + \frac{v \partial z}{\partial x}\right) d(x - vt) \end{aligned}}$$

$(*)$

Se $u_1$ ed $u_2$ sono due funzioni di $x$ e di $t$, legate dalla relazione : $\boxed{du_1 = \alpha_{(x,t)} du_2,}$ segue:

$$\frac{\partial u_1}{\partial x} = \alpha \frac{\partial u_2}{\partial x} \quad ; \quad \frac{\partial u_1}{\partial t} = \alpha \frac{\partial u_2}{\partial t} \quad ;$$

quindi la derivata di una funzione in "$u_1$", "$u_2$" eseguita rispetto ad "$x$" ed a "$t$" è nulla:

$$\frac{d(u_1, u_2)}{d(x,t)} = 0 \quad ; \qquad (u_1 = u(u_2))$$

perciò integrando le (*)

$$\begin{cases} (Vz + u) = 2\varphi_1 V(x + Vt) \\ (Vz - u) = 2\varphi_2 V(x - Vt) \end{cases}$$

sommando e risolvendo $z$:

$$\boxed{z = \varphi_1(x + Vt) + \varphi_2(x - Vt)} \quad (c.v.d.)$$

Se $\varphi_1(x+Vt)$ e $\varphi_2(x-Vt)$ sono continue e derivabili, la $z$ da esse definita soddisfa l'equazione dell'integrale della formula delle corde vibranti:

$$\frac{\partial^2 z}{\partial t^2} = V^2 \frac{\partial^2 z}{\partial x^2}$$

cioè nell'integrale di questa figurano le due funzioni arbitrarie $\varphi_1$ e $\varphi_2$ da determi-narsi per le condizioni iniziali.

Inizialmente sia: $(t = 0)$.

$$z(x,0) = (\varphi_1(x) + \varphi_2(x)) = f_1(x)$$

Al $(t=0)$ la:

$$z_{t=0} = f_1(x) \qquad \text{è l'equazione di una}$$

linea piana.

$$\left(\frac{\partial z}{\partial t}\right)_{t=0} = V\left(\varphi_1'(x) - \varphi_2'(x)\right) = f_2(x) \qquad 4)$$

Integrando questa equazione nei limiti: $x = (0 \div \ell)$

ove "$\ell$" è la lunghezza della corda,
ciò implica: $z_{(0)} = 0$ ; $z_{(\ell)} = 0$ ; (inizialmente la
corda giaccerebbe sull'asse $x$, fissa nei punti $x=0$;
$x=\ell$. Nel vibrare, i punti intermedi della corda si
staccano dall'asse $x$, ma lo spostamento è così pic=
colo che non fa variare la lunghezza della corda)
Integrando l'equazione sopraindicata (1)

$$V\left(\varphi_{1(x)} - \varphi_{2(x)}\right) = \int^x f_2(x)\, d(x) + C$$

sommando e sottraendo con la $z_x$ moltiplicata per $V$,
ciò con: $V z_{ix} = V\left(\varphi_{1(x)} + \varphi_{2(x)}\right) = V f_1(x)$
abbiamo:

$$\varphi_{1(x)} = \tfrac{1}{2} f_{1(x)} + \frac{1}{2V} \int_0^x f_2(x)\, dx + \frac{c}{2V}$$

$$\varphi_{2(x)} = \tfrac{1}{2} f_{1(x)} - \frac{1}{2V} \int_0^x f_2(x)\, dx - \frac{c}{2V}$$

La costante '$c$' non influenza $z$, posto: $c = 0$

$$\begin{cases} \varphi_{1(x)} = \tfrac{1}{2} f_1(x) + \dfrac{1}{2V} \displaystyle\int_0^x f_2(x)\, dx \\[2mm] \varphi_{2(x)} = \tfrac{1}{2} f_1(x) - \dfrac{1}{2V} \displaystyle\int_0^x f_2(x)\, dx \end{cases}$$

Definite così le $\varphi_{1(x)}$ ed $\varphi_{2(x)}$ per tutti i valori
di: $(x) = (0 \div \ell)$. Notiamo che gli estremi della corda
$A \equiv (0,0)$ ; $B(\ell, 0)$; sono fissi (indipendenti dal
tempo $t$) cioè:

$$z_{(0,t)} = 0 \qquad ; \qquad z_{(\ell,t)} = 0$$

sostituendo: $(x=0)$, nell'espressione di:

$$Z = \varphi_1 \cdot (x+vt) + \varphi_2(x-vt),$$

abbiamo: $(z=0)$ cioè:

$$Z = \varphi_1(vt) - \varphi_2(vt) = 0$$

sostituendo: $(x=\ell)$ nell'espressione di $z$

abbiamo: $(z=0)$ cioè

$$Z = \varphi_1(\ell+vt) + \varphi_2(\ell-vt) = 0$$

ovvero cambiando $vt$ in $x$:

$$\varphi_1(x) + \varphi_2(-x) = 0$$

$$\varphi_1(\ell+x) + \varphi_2(\ell-x) = 0$$

equazione che dà i valori di $\varphi_1$ quando il suo argomento varia da $\ell$ a $2\ell$. Cambiando $x$ in $-x$, si hanno i valori di $\varphi_2$ nello stesso intervallo.

Cambiando ancora $x$ in $(\ell+x)$:

$$\varphi_1(2\ell+x) + \varphi_2(-x) = 0$$

da cui: $\varphi_1(2\ell+x) = \varphi_2(x)$

ma: $\varphi_2(x) = \varphi_1(x)$

$$\varphi_1(2\ell+x) = \varphi_1(x)$$

ossia $\varphi_1$ ha periodo $2\ell$, ed uguale periodo ha funzione $\varphi_2$:  $\varphi_2(x) = -\varphi_1(-x)$  (note per ogni valore di $x$ nell'intervallo $0, 2\ell$)

# Il sonometro

Il sonometro è un apparecchio destinato alla vibrazione delle corde sonore; è costituito da una cassa armonica su cui è tesa una corda sottile, la tensione (variabile) è dovuta ad un pesino posto all'estremità. Sulla cassa sonora possono esservi anche altre corde tese, per verificare le eventuali risonanze.

Se "$l$" = lunghezza della corda;

"$\lambda$" = lunghezza d'onda, si ha

$$l = N \frac{\lambda}{2} \quad ; \quad \lambda = \frac{2l}{N} \quad ;$$

$$l = \lambda/2 \quad ; \quad \lambda = 2l \quad ;$$

$$l = 2\lambda/2 \quad ; \quad \lambda = l \quad ;$$

$$l = 3\lambda/2 \quad ; \quad \lambda = \frac{2l}{3} \quad ;$$

La frequenza: $\nu = \frac{N}{2l} \sqrt{\frac{g P}{\pi r^2 \rho}} = \frac{N}{2l r} \sqrt{\frac{P}{\pi \gamma}}$ ;

ove: $N = 1, 2, 3, \ldots n$ . (armoniche) ;

$P$ = peso tensore ;

$l$ = lunghezza della corda ; $r$ = raggio della corda;

$\rho$ = peso specifico ; $\gamma = \rho/g$ = densità della corda ;

$g$ = accelerazione di gravità.

# L'Informatica

L'informatica è una nuova disciplina che, si può dire, sia nata coi computer. Non è, che prima, implicitamente, non esistesse come problematica di tutte le lingue, per evitare doppi sensi, o imprecisione nell'esporre una "informazione". Infatti, nelle varie lingue, vi sono espressioni ambigue, che possono anche essere utilizzate come battute di spirito, ma non accettabili in campo scientifico-matematico. Anche l'algebra è linguaggio.

È interessante notare che il "linguaggio" dei computer deriva dal linguaggio dell'insieme degli interruttori: (acceso; spento), al quale corrisponde il sistema binario nei numeri: ( 0 , 1 ); (zero, uno); e trova invito nell'evangelico: " Ma il vostro linguaggio sia: - sì, sì, no, no. - (S. Matteo 5, 37).

Abbiamo già trattato le operazioni aritmetiche in binario ed exadecimale, ma può essere interessante vedere, come sia possibile esprimere dei concetti mediante il linguaggio degli interruttori.

Per un interruttore è banale il: "Sì"; "No".

Per due interruttori si hanno tre casi principali:

(in parallelo) (somma logica) $\begin{pmatrix} x & y & v \\ 0 & 0 & 0 \\ 0 & 1 & 1 \\ 1 & 0 & 1 \\ 1 & 1 & 1 \end{pmatrix}$ (or) inglese

entrambi per il no! (l'uno e l'altro)

o l'uno o l'altro per il sì!

(non necessario entrambi sì!)

(basta sia chiuso uno per il sì!)

(in serie) (prodotto logica) $\begin{pmatrix} x & y & v \\ 0 & 0 & 0 \\ 0 & 1 & 0 \\ 1 & 0 & 0 \\ 1 & 1 & 1 \end{pmatrix}$ (and) inglese

entrambi per il sì! (l'uno o l'altro)

o l'uno o l'altro per il no!

(non necessario entrambi il No)

(basta sia aperto uno per il no!)

(indipendenti)

ciascuno può decidere per il sì o per il no cambiando lo stato iniziale.
(Per il sì! occorre che i due rami concordino su quale intermedio)

Se consideriamo una molteplicità di interruttori connessi a grandezze numeriche, si può capire come funzionano le calcolatrici elettriche.

All'inizio del primo volume abbiamo già accennato al problema intestando: "La memoria - la comunicabilità - i linguaggi."

Per comunicare, dobbiamo avvalerci della memoria e di ciò che è noto a chi vogliamo comunicare. (Avere un linguaggio comune)

# Cibernetica - Teoria dell'informazione- Informatica

La parola: "Cibernetica", deriva dal Greco: "κυβερνητική" che significa "arte del timoniere" ed è normalmente interpretata come: "scienza dell'informazione".

L'americano Norber Wiener (1894-1964), pubblicò nel 1948 l'opera: "Introduzione alla Cibernetica" essa nacque per studi sul contenuto di informazione su messaggi trasmessi da una emittente in alfabeto morse. Il Wiener, a cui si deve la parola "cibernetica" è ritenuto il fondatore di questa scienza, col suo allievo Shannon.

La teoria dell'informazione considera tre fasi: "l'emissione, la trasmissione, la recezione" ed occorre un codice convenuto fra emittente e ricevente, costituito di simboli, l'insieme dei quali è detto "alfabeto". Una sequenza di simboli opportunamente disposti costituisce un messaggio che contiene una certa quantità d'informazione.

Nelle tre fasi di emissione, trasmissione, e recezione possono esservi: disturbi, distorsioni, ed errori, capaci d'invalidare il contenuto di informazione.

L'insieme dei simboli fonetici, possono dare luogo a linguaggi diversi, non solo, ma i simboli stessi possono essere graficizzati in modo diverso. Si dice che i Fenici siano stati i primi a rappresentare un alfabeto fonetico. La parola "alfabeto" deriva dalle prime due lettere dell'alfabeto greco: $\alpha$ = alfa; $\beta$ = beta; come in italiano la parola "abbecedario".

La storia dell'alfabeto implica la storia della scrittura. Certamente la scrittura ideografica e pittografica, precedette come forma di comunicazione che, schematizzandosi, dette luogo ai geroglifici. Per semplificare la rappresentazione grafica si ebbe l'alfabeto cuneiforme. È interessante notare come, la sequenza dei simboli, delle parole, sia la chiave iniziale per "leggere" una scrittura. La sequenza può essere per righe orizzontali oppure verticali, o seguenti un tracciato. Può avere un verso; da sinistra a destra o da destra a sinistra; dall'alto al basso o viceversa, ma per le antiche scritture può essere: "<u>Bustrofedon</u>" (bus = βοῦς = bove; trofe = τρέπω = volgere, τρέπομαι = volgersi) cioè come fa il bove che traccia il solco, finito il rigo da sinistra a destra traccia di seguito il successivo da destra a sinistra e così via. Riportiamo l'evolversi dell'alfabeto cuneiforme.

caratteri cuneiformi

| Primitivi | Antico - Babilonesi | Assiri | Neobabilonesi |
|---|---|---|---|

Alfabeto cuneiforme (fonetico)

| fonetico | a | b(a) | č(a) | d(a) | d(i) | d(u) | f(a) |
|---|---|---|---|---|---|---|---|
| persiano antico | | | | | | | |
| fonetico | g(a) | g(u) | h(a) | h(a) | i | j(a) | j(i) |
| persiano antico | | | | | | | |
| fonetico | k(a) | k(u) | l(a) | m(a) | m(i) | m(u) | n(a) |
| persiano antico | | | | | | | |
| fonetico | n(u) | p(a) | r(a) | r(u) | š(a) | s(a) | t(a) |
| persiano antico | | | | | | | |
| fonetico | t(u) | t(a) | u | v(a) | v(i) | y(a) | z(a) |
| persiano antico | | | | | | | |
| fonetico | tr(a) | divisore di parole | re | paese | in due forme | nome divino | terra |
| persiano antico | | | | | | | |

Riportiamo ancora alcuni alfabeti antichi
e moderni, per avere un confronto diretto,
sugli elementi delle prime forme di comunicazio
ne scritta.

## Alfabeti

| Aramaico antico | Papiri | Palmireno | Ebraico quadrato | Rabbinico | Corsivo moderno Italiano (XV-XVI secolo) | Polacco (XIX-XX secolo) |
|---|---|---|---|---|---|---|
| | | | | | | |

# Alfabeti

| Nabateo | Siriaco | Arabo (papiri) | | Mineo-Sabeo (Arabo meridione) | Trascrizione | Etiopico |
|---|---|---|---|---|---|---|
| | | | | | ' | |
| | | | | | b | |
| | | | | | d | |
| | | | | | ḍ | |
| | | | | | h | |
| | | | | | w | |
| | | | | | z | |
| | | | | | ḥ | |
| | | | | | ḫ | |
| | | | | | ṭ | |
| | | | | | z | |
| | | | | | y(i.ī) | |
| | | | | | k | |
| | | | | | l | |
| | | | | | m | |
| | | | | | n | |
| | | | | | s | |
| | | | | | ġ | |
| | | | | | f | |
| | | | | | ṣ | |
| | | | | | ḍ | |
| | | | | | q | |
| | | | | | r | |
| | | | | | š | |
| | | | | | t | |
| | | | | | ṯ | |

## ETIOPICO

| | | | | | |
|---|---|---|---|---|---|
| ha | ba | wa | ča | | |
| la | ta | 'a | pa | | |
| ḥa | ča | za | za | | |
| ma | kha | ža | fa | | |
| sa | na | ya | pa | | |
| ra | ña | da | qwa | | |
| sa | 'a | ğa | khwa | | |
| sha | ka | ga | kwa | | |
| qa | kha | ṭa | gwa | | |

con varianti per le altre vocali.

## GIAPPONESE (fonet.)

| a | i | u | e | o | |
|---|---|---|---|---|---|
| a | i | u | e | o | ra |
| ka | ki | ku | ke | ko | ri |
| ga | ghi | gu | ghe | go | ru |
| sa | si | su | se | so | re |
| za | zi | zu | ze | zo | ro |
| ta | tsi | tsu | te | to | wa |
| da | gi | dzu | de | do | wi |
| na | ni | nu | ne | no | wu |
| fa | fi | fu | fe | fo | we |
| ba | bi | bu | be | bo | wo |
| pa | pi | pu | pe | po | |
| ma | mi | mu | me | mo | |
| ya | yi | yu | ye | yo | |

vi è altro alfabeto (corsivo)

# Alfabeti

## ARABO

| | Isolate | Finali | Medie | Iniziali |
|---|---|---|---|---|
| ' | | | | |
| b | | | | |
| t | | | | |
| th | | | | |
| g | | | | |
| h | | | | |
| kh | | | | |
| d | | | | |
| dh | | | | |
| r | | | | |
| z | | | | |
| s | | | | |
| š | | | | |
| ṣ | | | | |
| ḍ | | | | |
| t | | | | |
| ż | | | | |
| c | | | | |
| g | | | | |
| f | | | | |
| q | | | | |
| k | | | | |
| e | | | | |
| m | | | | |
| n | | | | |
| h | | | | |
| w | | | | |
| j | | | | |

arabo

### Trasformazione di geroglifici.

| | geroglifico | | | | | scritto | ieratico | | | demotico |
|---|---|---|---|---|---|---|---|---|---|---|
| 1 | | | | | | | | | | |
| 2 | | | | | | | | | | |
| 3 | | | | | | | | | | |
| 4 | | | | | | | | | | |
| 5 | | | | | | | | | | |
| | 2900-2200 a.C. | 2700-2400 a.C. | 2000-1800 a.C. | c.1500 a.C. | 500-100 a.C. | c.1500 a.C. | c.1900 a.C. | c.1300 a.C. | c.200 a.C. | 400-100 a.C. |

## EGIZIANO (fonet.)

| | | | | | |
|---|---|---|---|---|---|
| 'a | | f | | kh | |
| i,j | | m | | ḫ | |
| 'a | | n | | ś | |
| w | | r | | š | |
| | | | | ḳ | |
| | | | | k | |
| b | | | | g | |
| | | | | t | |
| | | | | th | |
| p | | | | ḏ | |
| | | | | dh | |

## TEDESCO

| | | | | | | | | |
|---|---|---|---|---|---|---|---|---|
| a | | | j | | | s | | |
| b | | | k | | | t | | |
| c | | | l | | | u | | |
| d | | | m | | | v | | |
| e | | | n | | | w | | |
| f | | | o | | | x | | |
| g | | | p | | | y | | |
| h | | | q | | | z | | |
| i | | | r | | | | | |

## RUSSO

| | | | | | | | | | | | |
|---|---|---|---|---|---|---|---|---|---|---|---|
| a | а А | | l | л Л | | č | ч Ч | |
| b | б Б | | m | м М | | š | ш Ш | |
| v | в В | | n | н Н | | šč | щ Щ | |
| g | г Г | | o | о О | | 2) | Ъ | |
| | д Д | | p | п П | | y | ы Ы | |
| ie | е Е | | r | р Р | | 3) | Ь | |
| ž | ж Ж | | s | с С | | ie | ѣ Ѣ | |
| z | з З | | t | т Т | | e | э Э | |
| i | и И | | u | у У | | iu | ю Ю | |
| j | і I | | f | ф Ф | | ia | я Я | |
| 1) | й Й | | kh | х Х | | f | ѳ Ѳ | |
| k | к К | | ts | ц Ц | | | | |

1) ora soppressa; 2) finale muta; 3) segno di consonante molle.

scritture

Tavola di scrittura
Maia
(purtroppo quasi tutti
gli scritti furono distrutti
dagli spagnoli)

Scrittura dell'isola
di Pasqua (indecifrata)
(incisa su legno con
denti di pescecane)
(si confronti i geroglifici)

Lettera su rotolo
di papiro. (III sec a.C.)

# Alfabeti

**Table 1:**

| nordsemitico | | greco | | etrusco | latino | | maiuscole moderne |
|---|---|---|---|---|---|---|---|
| fenicio primitivo | fenicio | primitivo | classico | classico | primitivo | classico | romano |

**Table 2 (right):**

| ebraico arcaico | fenicio | etrusco classico | greco classico | latino classico | cirillico | italiano moderno |
|---|---|---|---|---|---|---|

**Table 3 (bottom):**

| | FENICIO | GRECO arcaico | GRECO classico | ETRUSCO | OSCO | LATINO arcaico | LATINO classico |
|---|---|---|---|---|---|---|---|
| a | | | | | | | |
| b | | | | | | | |
| g | | | | | | | |
| d | | | | | | | |
| e | | | | | | | |
| waw | | | | | | | |
| z | | | | | | | |
| kh | | | | | | | |
| th | | | | | | | |
| i | | | | | | | |
| k | | | | | | | |
| l | | | | | | | |
| m | | | | | | | |
| n | | | | | | | |
| x | | | | | | | |
| o | | | | | | | |
| p | | | | | | | |
| ş | | | | | | | |
| q | | | | | | | |
| r | | | | | | | |
| s | | | | | | | |
| t | | | | | | | |

### EBRAICO

' e ' sono due aspirazioni gutturali debole e forte. Le vocali sono trascurate o puntiformi.

# Il cinese

**1 I cinesi del periodo Han** (206 a.C.-220 d.C.) conoscevano le numerose società che vivevano alle frontiere del paese. La loro visione di questi "barbari" era espressa dal modo con cui li chiamavano. I nomi dei popoli tenuti in alta considerazione erano combinati con la forma "jen", che significa essere umano (A); quelli dei popoli con scarse relazioni o poco stimati con "ch'uan", cane (B). Ai nomi dei popoli culturalmente molto differenti ed i cui costumi erano ripugnanti veniva aggiunto il carattere "ch'ung" o insetto (C).

cinese

是

帶所及，使英國人的生活習慣也起了變化。
館子吃一頓的，現在大多數改為吃自助餐，
習慣，一星期中，捱了幾天牛油麵包或三文
被迫產生的節約風氣所造成的後果是帶來不
至換及學生們在假期中找臨時工作的出路。人
貶值以來，英國的經濟衰退情形更嚴重。
情況都還不錯的華僑們所開設的中國
停業。光是倫敦一地，過去一年來停

La scrittura cinese non è alfabetica o sillabica, usa un segno diverso per ogni parola. Tuttavia i caratteri cinesi sono composti da otto segni base tutti riferibili al segno YUNG che vuol dire: "eternità" La scrittura è eseguita con pennello su seta, rilevabile dai caratteri a fianco. La macchina per scriverli è complicata, è un vassoio con 2000 segni sovrapponibili o affiancabili.

caratteri della scrittura
sillabica micenea, chia=
mata "lineare B". Fu deci=
frata dal Ventris con
l'uso di una griglia come
a fianco. (È una forma di greco)
Reperto di frammento di
tavoletta (risalente ≟1400 a.C)
in caratteri micenei.

| Caratteri runici (I) | | | | ITALICO |
| --- | --- | --- | --- | --- |
| NOMI | Nord. antichi. | Anglo-sassoni. | Più antichi. | ROMANO |
| f | fè | ᚠ ᚡ | ᚠ | ᚠ | F |
| u | u | ᚢ | ᚢ ᚢ | ᚢ | V |
| th | thorn, thurs | ᚦ | · ᚦ | ᚦ | D |
| a (ö) | ans (ös, äsc) | ᚨ | ᚨ | ᚨ | A |
| r | reidh | ᚱ | R | ᚱ R. | R |
| k | kaun | ᚲ | ᚺ | ᚲ C | C |
| h | hagal | ᚼ | N Ᏺ ᚻ | ᚺ ᚻ | H |
| n | naudh | ᚾ | ᚾ | ᚾ | N |
| i | is | | ᛁ | ᛁ | I |
| iā | jĕr (är) | ᛃ | ᛃ | ᛃ | X |
| s | sôl | ᛌ | ᛋ | ᛋ | S |
| t, d | tyr | ↑ | ᛏ | ᛏ | T |
| b, p | biörk | ᛒ | ᛒ | ᛒ | B |
| l | lögr | ᛚ | ᛚ | | L |
| m | madhr | Ψ Φ Ψ | ᛗ | ᛗ Y | M M |
| y-r | yr | ᛉ | | | |
| d | | | ᛞ | | |
| g | | | ᚷ | | |
| p | | | ᛈ | | |
| e | | | ᛖ ᛏ Ψ | | |
| æ, œ | | | ᛇ ᛠ | | |
| y | | | ᚣ | | |

Facsimile di caratteri runici.

Confronto di caratteri
runici. La scrittura runica
è tipica ed esclusiva delle
genti germaniche. Risale
a circa il 300 dopo Cristo, in
zone a nord-ovest del mar
Nero. Ebbe la massima dif=
fusione tra i sec. X e XI-;
discussa la somiglianza coi
caratteri greci.

Per completezza riportiamo anche altri esempi
di scritture.

Arabo classico, sillabico, scritto
da sinistra a destra.

عبدالله اصلوا الناس اكان على لهذا الناس امرالنبي ... التابه لكر
... الناس الناس اكالاتر لناته لتنفعها الناصية باصية ... 
خاطبته فلعادو ... الزانية كالاتشعبه وانجزروافر ...

**sanscrito**

संस्कृत नाम देवी वाग् ध्वन्वाख्याना महर्षिभि: । तद्देवम् तत्समो देशीत्यि मनेफः
प्राव्ततक्रम:॥ भाभोगदिगिरः काव्यव्वप्रभ्रेश ऽनि स्मृताः । शास्त्रे तु संस्कृताद्
ऽन्यद् ध्वन्प्रेशतयोदितम् ॥ ग्नेयः प्रगादः समना माध्यं सुकुमारता । अर्घव्यपितर्

*Sanscrito*

**birmano**

ပဗ္စည်းကရိယာများ ရှိပြီးပြင်ဖ္ဘၚလေသည်။ အလယ်
ဝင်ရာ ပုဂ္ဂိုလ်များအတွက် အထူးသင်တန်းများ

*Birmano*

**greco**

Ὁ Ὀδυσσεύς καὶ οἱ σύντροφοι αὐτοῦ
πλοῖα, τὰ ὁποῖα ἦσαν πλήρη λαφύρων, ἀπ
Τρῳάδος, ἐπιθυμοῦντες νὰ φθάσωσιν ὅσο

*Greco*

**russo**

Идея использования квантовых систем для ге
радиоволн оказалась весьма плодотворной и
недостижимые для обычной радиотехники резу.

*Russo*

**ebraico**

יְהוּדִים שֶׁמָּרְדוּ בָּךְ. כֵּן שֶׁהִגִּיעַ לְאַנְטִפַּטְרֵם זָרְחָה :
נֶן שֶׁרָאָה אֶת שִׁמְעוֹן הַצַּדִּיק יָדַד מִמֶּרְכַּבְתוֹ וְהִשְׁתַּחֲוָה

*Ebraico*

248

## Alfabeto semaforico

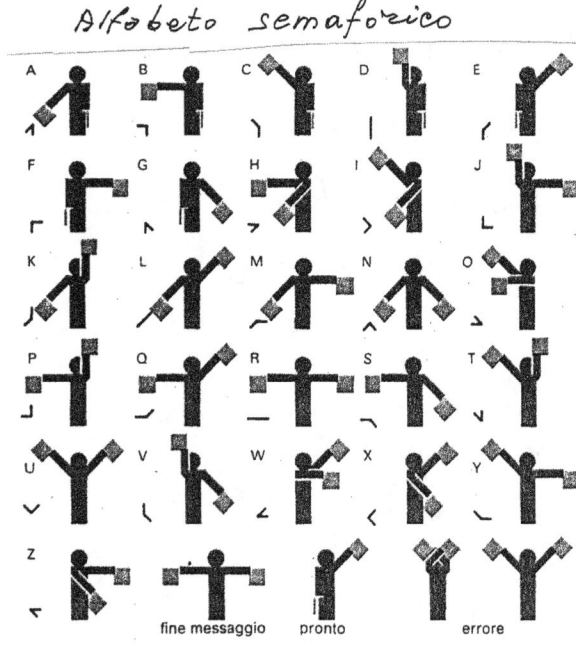

fine messaggio     pronto     errore

## linguaggio dei sordomuti

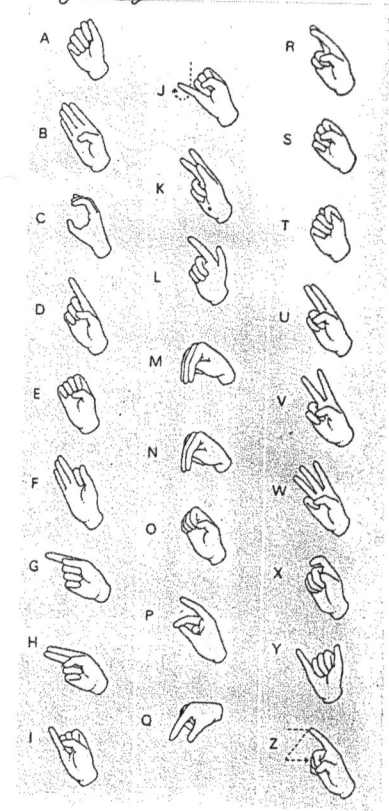

## Alfabeto Braille.

L'alfabeto Braille per non vedenti è composto di punti sporgenti individuabili al tatto. Ogni lettera copre parte di un rettangolino diviso in 6 parti ove ogni punto occupa una delle 6 parti. Poiché i numeri (cifre da 1 a 10) corrispondono alle prime 10 lettere per distinguere sono preceduti da:

Rileviamo dal Dizionario Enciclopedico U.T.E.T.
uno schema di derivazione degli alfabeti, che non
ci appare concorde con gli alfabeti presentati.

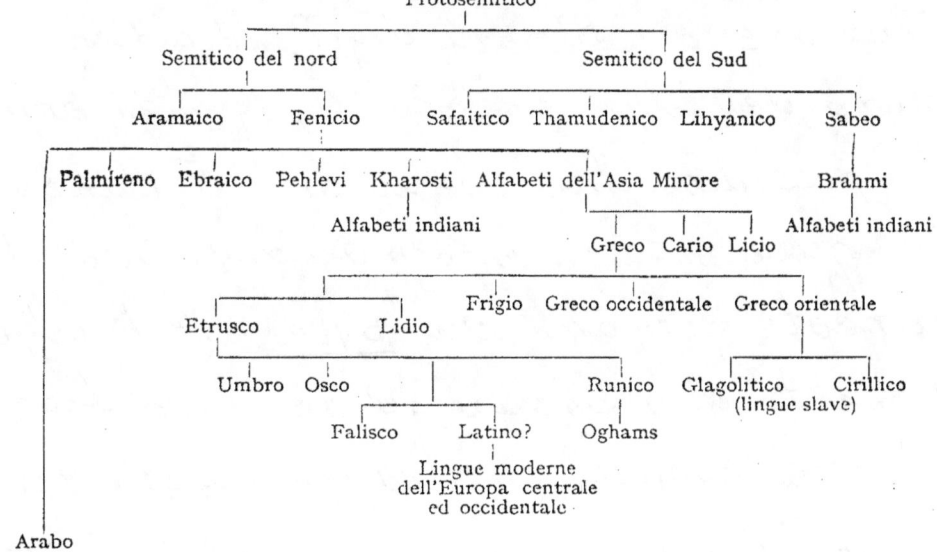

In telegrafia si usa l'alfabeto Morse composto
di punti e di linee, che, oltreché graficamente,
può essere usato anche foneticamente.
Si noti l'importanza di differenziare gli intervalli
fra simboli (punti e linee), fra lettere dell'alfabeto,
e fra parole.

**Alfabeto Morse.**

| | | |
|---|---|---|
| a ·— | n —· | ch ———— |
| b —··· | o ——— | 1 ·———— |
| c —·—· | p ·——· | 2 ··——— |
| d —·· | q ——·— | 3 ···—— |
| e · | r ·—· | 4 ····— |
| f ··—· | s ··· | 5 ····· |
| g ——· | t — | 6 —···· |
| h ···· | u ··— | 7 ——··· |
| i ·· | v ···— | 8 ———·· |
| j ·——— | w ·—— | 9 ————· |
| k —·— | x —··— | 0 ————— |
| l ·—·· | y —·—— | punto ······ |
| m —— | z ——·· | |

punto e virgola —·—·—·
virgola ·—·—·—
due punti ———···
punto interrogativo ··——··
punto esclamativo —·—·—·

# Cenni introduttivi ai personal computer

Il problema di comunicare è evidenziato nella trattazione dei P.C.

Definiamo il "BIT" termine ottenuto dalla contrazione di: BInary digiT ed indica ciascuno dei due simboli · 0; 1; in binario. Cioè, possiamo dire che il "bit" è l'unità della quantità d'informazione. Otto bit affiancati formano un "byte". Il "byte" è l'elemento di memoria del p.c. Ricordiamo il sistema binario, ove ad ogni casello corrisponde una potenza del 2 iniziando con esponente zero, da

| $2^7$ | $2^6$ | $2^5$ | $2^4$ | $2^3$ | $2^2$ | $2^1$ | $2^0$ |
|---|---|---|---|---|---|---|---|
| 0 | 1 | 1 | 0 | 0 | 1 | 0 | 1 |

$=$

destra a sinistra, il numero memorizzato è:

$= 1 + 4 + 32 + 64 = 101$. Però analogamente occorre fare con le lettere:

| 0 | 1 | 0 | 0 | 0 | 0 | 0 | 1 |
|---|---|---|---|---|---|---|---|

$=$ lettera A

che numericamente corrisponde a 65.

È stata codificata una tabella "ASCII", (American Standard Code International interchange) in modo che un "byte" corrisponde ad un carattere alfanumerico. ($2^0 + 2^1 + 2^2 + 2^3 + 2^4 + 2^5 + 2^6 + 2^7 = 255$.) Riportiamo i 256 segni e caratteri della tabella ASCII. Ove ritroviamo A ≡ 065.

# TABELLA dei Caratteri ASCII.

| ASCII value | Character | ASCII value | Character | ASCII value | Character |
|---|---|---|---|---|---|
| 000 | (null) | 043 | + | 086 | V |
| 001 | ☺ | 044 | , | 087 | W |
| 002 | ☻ | 045 | - | 088 | X |
| 003 | ♥ | 046 | . | 089 | Y |
| 004 | ♦ | 047 | / | 090 | Z |
| 005 | ♣ | 048 | 0 | 091 | [ |
| 006 | ♠ | 049 | 1 | 092 | \ |
| 007 | (beep) | 050 | 2 | 093 | ] |
| 008 | ◘ | 051 | 3 | 094 | ∧ |
| 009 | (tab) | 052 | 4 | 095 | = |
| 010 | (line feed) | 053 | 5 | 096 | ' |
| 011 | (home) | 054 | 6 | 097 | a |
| 012 | (form feed) | 055 | 7 | 098 | b |
| 013 | (carriage return) | 056 | 8 | 099 | c |
| 014 | ♫ | 057 | 9 | 100 | d |
| 015 | ☼ | 058 | : | 101 | e |
| 016 | ► | 059 | ; | 102 | f |
| 017 | ◄ | 060 | < | 103 | g |
| 018 | ↕ | 061 | = | 104 | h |
| 019 | !! | 062 | > | 105 | i |
| 020 | ¶ | 063 | ? | 106 | j |
| 021 | § | 064 | @ | 107 | k |
| 022 | ▬ | 065 | A | 108 | l |
| 023 | ↨ | 066 | B | 109 | m |
| 024 | ↑ | 067 | C | 110 | n |
| 025 | ↓ | 068 | D | 111 | o |
| 026 | → | 069 | E | 112 | p |
| 027 | ← | 070 | F | 113 | q |
| 028 | (cursor right) | 071 | G | 114 | r |
| 029 | (cursor left) | 072 | H | 115 | s |
| 030 | (cursor up) | 073 | I | 116 | t |
| 031 | (cursor down) | 074 | J | 117 | u |
| 032 | (space) | 075 | K | 118 | v |
| 033 | ! | 076 | L | 119 | w |
| 034 | " | 077 | M | 120 | x |
| 035 | # | 078 | N | 121 | y |
| 036 | $ | 079 | O | 122 | z |
| 037 | % | 080 | P | 123 | { |
| 038 | & | 081 | Q | 124 | ¦ |
| 039 | ' | 082 | R | 125 | } |
| 040 | ( | 083 | S | 126 | ~ |
| 041 | ) | 084 | T | 127 | ⌂ |
| 042 | * | 085 | U | | |

# (segue) TABELLA ASCII

| ASCII value | Character | ASCII value | Character | ASCII value | Character |
|---|---|---|---|---|---|
| 128 | Ç | 170 | ⌐ | 213 | ╞ |
| 129 | ü | 171 | ½ | 214 | ╥ |
| 130 | é | 172 | ¼ | 215 | ╫ |
| 131 | â | 173 | ¡ | 216 | ╪ |
| 132 | ä | 174 | « | 217 | ┘ |
| 133 | à | 175 | » | 218 | ┌ |
| 134 | å | 176 | ░ | 219 | █ |
| 135 | ç | 177 | ▒ | 220 | ▄ |
| 136 | ê | 178 | ▓ | 221 | ▌ |
| 137 | ë | 179 | │ | 222 | ▐ |
| 138 | è | 180 | ┤ | 223 | ▀ |
| 139 | ï | 181 | ╡ | 224 | α |
| 140 | î | 182 | ╢ | 225 | β |
| 141 | ì | 183 | ╖ | 226 | Γ |
| 142 | Ä | 184 | ╕ | 227 | π |
| 143 | Å | 185 | ╣ | 228 | Σ |
| 144 | É | 186 | ║ | 229 | σ |
| 145 | æ | 187 | ╗ | 230 | μ |
| 146 | Æ | 188 | ╝ | 231 | τ |
| 147 | ô | 189 | ╜ | 232 | Φ |
| 148 | ö | 190 | ╛ | 233 | Θ |
| 149 | ò | 191 | ┐ | 234 | Ω |
| 150 | û | 192 | └ | 235 | δ |
| 151 | ù | 193 | ┴ | 236 | ∞ |
| 152 | ÿ | 194 | ┬ | 237 | Ø |
| 153 | Ö | 195 | ├ | 238 | ϵ |
| 154 | Ü | 196 | ─ | 239 | ∩ |
| 155 | ¢ | 197 | ┼ | 240 | ≡ |
| 156 | £ | 198 | ╞ | 241 | ± |
| 157 | ¥ | 199 | ╟ | 242 | ≥ |
| 158 | Pt | 200 | ╚ | 243 | ≤ |
| 159 | ƒ | 201 | ╔ | 244 | ⌠ |
| 160 | á | 202 | ╩ | 245 | ⌡ |
| 161 | í | 203 | ╦ | 246 | ÷ |
| 162 | ó | 204 | ╠ | 247 | ≈ |
| 163 | ú | 205 | ═ | 248 | ° |
| 164 | ñ | 206 | ╬ | 249 | • |
| 165 | Ñ | 207 | ╧ | 250 | · |
| 166 | ª | 208 | ╨ | 251 | √ |
| 167 | º | 209 | ╤ | 252 | ⁿ |
| 168 | ¿ | 210 | ╥ | 253 | ² |
| 169 | ⌐ | 211 | ╙ | 254 | ■ |
|  |  | 212 | ╘ | 255 | (blank 'FF') |

I due elementi: "1"; "0"; oppure: "acceso"; "spento";
Sinteticamente: "sì"; "no"; vengono posti nel
byte di otto caselle, avremo così delle
disposizioni con ripetizione, cioè il numero
delle disposizioni con ripetizione di due ele=
menti (1;0) di classe otto è: $2^8 = 256$.
che sono gli elementi della tabella ASCII.
È bene notare che, ad ogni disposizione, si può
far corrispondere elementi diversi da quelli
della tabella ASCII; per esempio l'alfa=
beto arabo o greco, o caratteri cinesi.
La tabella A.S.C.I.I. contiene simboli di
comando grafico, l'alfabeto latino minu=
scolo e maiuscolo, le lettere accentate, le
cifre numeriche, le parentesi, i segni delle
operazioni aritmetiche, altri segni matematici,
alcune lettere dell'alfabeto greco, nonché una
serie di angolature di segmenti e piccoli seg=
menti diversamente posizionati, in modo da
rendere facili certe rappresentazioni geome=
triche e scrivere certe formule matema=
tiche.

Da queste impostazioni primordiali, l'uso dei computer si è evoluto, sono nati linguaggi di programmazione, sempre più evoluti: "Il Fortran"; "il Cobol"; "l'Algol", il "Pl/1" il "Basic" divenuto "Basica" (avanzato); il "Pascal"; e più modernamente: "Windows"; il "Cad"; il "Mathcad". Genericamente l'Assembler

È importantissimo rendersi pratici della "numerazione binaria" sia come impostazione sia come operazioni od elaborazioni anche complesse.

La sequenza dei comandi e delle esecuzioni, (su cui abbiamo già accennato), implica programmazioni diverse.

Facciamo un esempio sempliceissimo: $a, b, c$ sono tre numeri tali che $a + b = c$.

Supponiamo di voler fare l'operazione $a + b = c$.

Nei calcolatori ordinari si batte il n° "a" poi si batte il simbolo + poi si batte il n° "b" ed infine battendo = appare "c".

Nei calcolatori con notazione inversa polacca si batte "a" e si batte "entra" (a va in una memoria), si batte "b" (che resta in memoria operativa) all'atto del + appare "c".

Ordinariamente, la sequenza delle azioni per eseguire una una operazione fra due numeri è:

1) immissione di un numero in memoria
2) immissione dell'operazione da effettuare
3) immissione del numero "operatore"
4) col segno: "=" si ottiene il risultato.

Nel procedimento inverso polacco, immessi i due numeri, ove il secondo è l'operatore, si immette l'operazione da effettuare e ciò dà subito il risultato.

Tutte le operazioni possono registrarsi in stampante in modo da avere un documento permanente di ciò che si è eseguito.

La sequenza delle varie operazioni può essere programmata sia su dischetti, sia nella memoria del computer, in tal modo fornendo al computer gli elementi base di un certo procedimento di calcolo (opportunamente richiamato), il computer fornisce il risultato, senza bisogno di altri interventi dell'operatore, anche se il procedimento di calcolo è lunghissimo.

# La programmazione strutturata

Un primo studio di un programma, può essere fatto mediante i diagrammi di flusso, che si avvalgono di figure geometriche elementari per ogni passaggio:

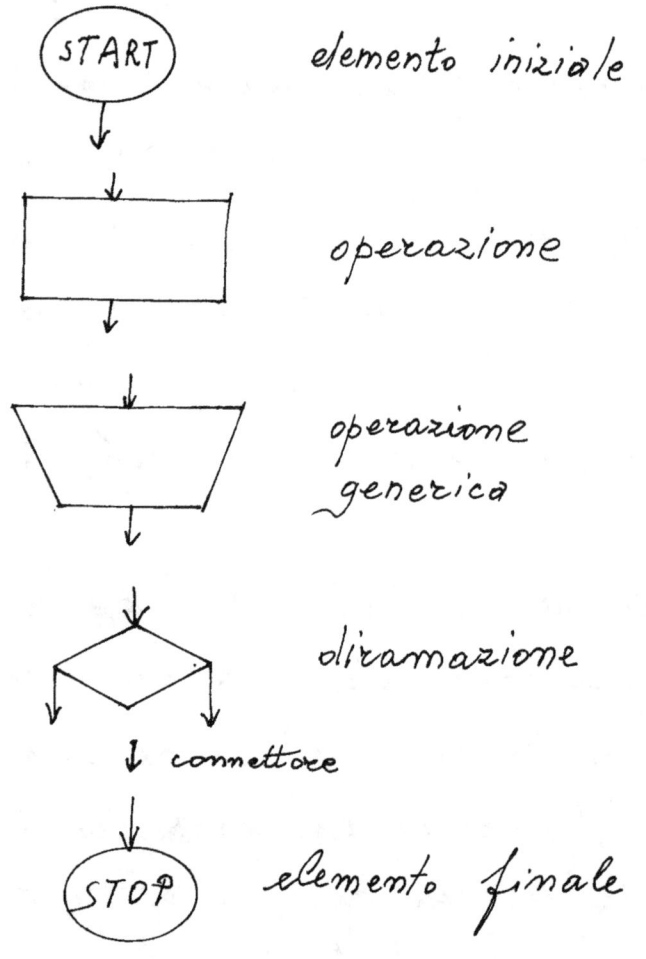

START — elemento iniziale

— operazione

— operazione generica

— diramazione

↓ connettore

STOP — elemento finale

In inglese sono i simboli di "flow-chart"
La diramazione: if ⟶ . ↗ o ↘ then ↗ o... ↘ a...

Dal primo linguaggio di programmazione (1952), seguirono nel 1954 il Fortran (FORmula TRANslator), nel 1958 l'Algol (ALGOritm Language), nel 1950 il Cobol (COmmon Business Oriented Language). Nel 1964 Il PL/1 (Programming Language number 1) Il Basic (Beginners All-purpose Simbolic Instruction Code) fu introdotto nel 1964. Il Pascal nasce nel 1973 nel politecnico di Zurigo. Ed è particolarmente adatto per la programmazione strutturata.

La programmazione strutturata ha le sue basi nel teorema di Böhm-Jacopini; Tale teorema afferma che qualsiasi algoritmo rappresentabile con un diagramma di flusso può essere espresso con tre sole strutture, tutte con un ingresso ed una uscita: Sequenza, ripetizione, selezione.

La sequenza
①

Begin (inizio) (ingresso)
Processo A
collegamento (uscita-ingresso)
Processo B
End (FINE) (uscita)

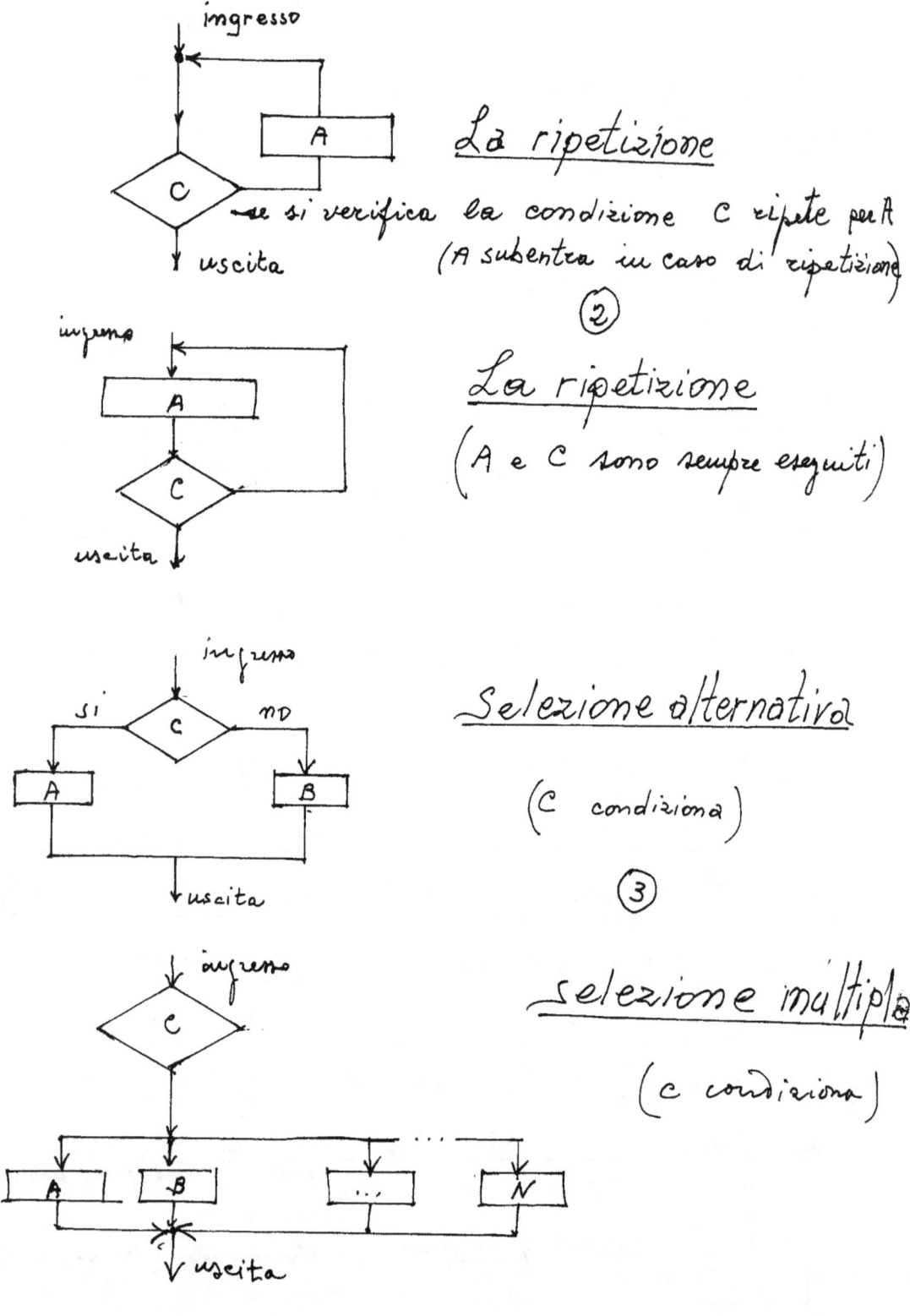

*ingresso*

*La ripetizione*

se si verifica la condizione C ripete per A
(A subentra in caso di ripetizione)

②

*La ripetizione*

(A e C sono sempre eseguiti)

*Selezione alternativa*

(C condiziona)

③

*Selezione multipla*

(C condiziona)

Le tre strutture: <u>sequenza</u>, <u>ripetizione</u>, e <u>selezione</u>, (sopra schematizzate) consentono la costruzione di qualsiasi diagramma di flusso.

Le regole grammaticali dei linguaggi di programmazione sono espresse in modo conciso dalla notazione simbolica di Backus-Naur (BNF - Backus Naur Form)

$<s>$     che si legge: "struttura s del linguaggio"

$:: =$        "      :  " è definita come "

$|$        "      :  " oppure "

Per esempio, per definire una cifra si scriverà:

$<cifra> :: = 0|1|2|3|4|5|6|7|8|9$

che si legge:

"La struttura cifra, è definita come: zero oppure uno oppure due, .... oppure nove".

Vi sono valori o procedimenti di calcolo che non mutano, sono costanti anche nei diversi programmi:    per es:

$\pi = 3,141592653589793238462 6.....$

$e = 2,718281828459045235360 28.....$

sono costanti numeriche,

Tali costanti non saranno più variate, (è ovvio che trattandosi in genere di infinite cifre, la costante è definita dal grado di precisione richiesto)

Anche le operazioni aritmetiche, gli algoritmi o procedimenti di calcolo sono costanti e possono memorizzarsi, e nella memorizzazione possono avvenire semplificazioni, per es. il volume della sfera: $V = \frac{4}{3}\pi R^3 = 4,18879020478639\ldots R^3$. $V = \frac{\pi}{6} D^3 = \frac{\pi}{6}(2R)^3 = 0,523598775\ldots D^3$.

Comunque i coefficienti numerici, quando sono di infinite cifre, sono memorizzati nel grado di precisione richiesto.

Poiché i valori numerici (approssimati) sono uguagliati a lettere, (e viceversa); le formule letterarie, assumendo i valori numerici memorizzati, avranno il grado di precisione fissato. Può avvenire che due procedimenti di calcolo che dovrebbero dare lo stesso valore, differiscano nelle ultime cifre, l'approssimazione dipende dalla precisione dei dati.

L'approssimazione di un numero può essere per difetto o per eccesso. Se il numero è minore del valore che vuol rappresentare, l'approssimazione è per difetto, se maggiore del valore, l'approssimazione è per eccesso. Per riconoscere se l'approssimazione è per difetto o per eccesso, in genere si opera sull'ultima cifra: se per difetto sarà seguita da puntini, se esatta o per eccesso non sarà seguita da puntini.

$3,1415 < \pi < 3,1416$ cioè: $\pi \cong 3,1415....$ ;

$\pi \cong 3,1416$. Sarebbe meglio scrivere: $\pi \gtreqless 3,1415$ $\pi \lesseqgtr 3,1416$. L'arrotondamento di un valore porta un "errore" che è lo scostamento dal vero valore. Per esempio $3,1415$ si scosta per difetto di $\Delta = - 0,00009265358979....$ mentre $3,1416$ ha un eccesso $\Delta = + 0,000007346..$ cioè è più approssimato il valore in eccesso che il valore in difetto.

L'uomo, quando cercò di affrontare la fenomenologia che ci circonda, data la complessità, cercò di semplificare, linearizzando le espressioni algebriche del fenomeno. Le espressioni divennero: $a = K \cdot b$ ove $K$ è un coefficiente numerico, oppure un'altra grandezza dimensionale; per es: tensione = (intensità di corrente)(resistenza); $(V = I.R)$ Nell'espressione non appaiono i campi magnetici. e le forze ponderomotrici.

Questo (forse troppo lungo) discorso ci avverte che l'approssimazione l'abbiamo già nella formula fisica, e che non possiamo inseguire una precisione già mancante nei dati di partenza. È assurdo scrivere numeri inerenti lunghezze fino al decimo di millimetro, quando tali lunghezze sono misurate con una comune rotella metrica graduata in centimetri.

Le formule linearizzate sono valide in campi ristrettissimi, ove sia possibile sostituire un tratto di segmento lineare ad un tratto curvo, e gli scostamenti non superino l'errore ammissibile. L'approssimazione deve essere accettabile.